高职高专土建类专业规划教材

GAOZHI GAOZHUAN TUJIANLEI ZHUANYE GUIHUA JIAOCAI

水电安装工程识图与施工

主　编　田志新
副主编　王　浩　杨　龙
参　编　李学芳　邓自宇

中国电力出版社
CHINA ELECTRIC POWER PRESS

内 容 提 要

本书主要讲述了在应用新的施工技术标准和规范的前提下，根据图纸和相关技术要求，如何确定水电安装工程的施工工艺和施工方法。全书内容共分 3 章，主要内容包括常用的水电安装工程材料和设备、水电安装工程识图及水电安装工程施工。

本书是针对高职高专土建及安装专业编写的一本专业课教材，也可供相关专业技术人员在实际施工过程中作为工具书参考。

图书在版编目（CIP）数据

水电安装工程识图与施工/田志新主编. —北京：中国电力出版社，2017.1（2023.8 重印）
高职高专土建类专业规划教材
ISBN 978-7-5123-9098-0

Ⅰ.①水… Ⅱ.①田… Ⅲ.①给排水系统-建筑安装-工程制图-识别-高等职业教育-教材
②电气设备-建筑安装-工程制图-识别-高等职业教育-教材 ③给排水系统-建筑安装-工程
施工-高等职业教育-教材 ④电气设备-建筑安装-工程施工-高等职业教育-教材 Ⅳ.①
TU82 ②TU85

中国版本图书馆 CIP 数据核字（2016）第 055396 号

中国电力出版社出版发行
北京市东城区北京站西街 19 号 100005 http：//www.cepp.sgcc.com.cn
责任编辑：王晓蕾 责任印制：杨晓东 责任校对：马宁
北京雁林吉兆印刷有限公司印刷·各地新华书店经售
2017 年 1 月第 1 版·2023 年 8 月第 9 次印刷
787mm×1092mm 1/16·11.25 印张·273 千字
定价：**36.00** 元

前　　言

本书在编写过程中坚持以国家和相关地区最新的规范、技术标准和图集等为编写依据，以目前的工程实际情况为重点，以加强可操作性和实用性为目标，既考虑了地域性，又注意了专业的内在联系和综合性，使之具有较广的适用范围。

全书共分 3 章，主要内容包括常用的水电安装工程材料及设备，水电安装工程识图及水电安装工程主要施工工艺和方法。

本教材注重体现"技能型"的特点，以《国家建筑标准设计图集》(2015)、《建筑给水排水及采暖工程施工质量验收规范》(GB 50242—2002)、《建筑电气工程施工质量验收规范》(GB 50303—2002) 等国家和地方的规范、标准为编写依据，对目前水电安装工程常用材料、设备和主要的施工工艺及方法做了较详细的叙述，重点介绍了给排水、采暖、电气照明安装等常用的安装工程施工工艺和方法。针对规范条文内容，配有相应的图例和表格，便于学生系统学习和全面比较，并能对工程中的实际操作有一定程度的了解。

本书具有以下特点：

(1) 结合新版的《建设工程工程量清单计价规范》(GB 50500—2013) 和《通用安装工程工程量计算规范》(GB 50856—2013) 编写。

(2) 内容全面，重点突出。内容方面既包括水电安装工程常用设备、材料及识图相关内容，又包括水电安装工程施工相关内容。这样编写不仅有利于学生由浅入深地学习水电安装施工，也有利于在学习过程中前后对照，增强学习效果。全书以水电安装工程施工（教材第 3 章）为重点，以详细和具体讲解为途径，力求使学生初步掌握水电安装工程施工的基本技能。

(3) 轻理论，重实践。本书不做深奥复杂的理论阐述，重点是针对在施工过程中出现的相关数据和图示讲述其来源及施工操作方法，从根本上解决大部分初学者并不是不懂理论方法，而是不甚清楚很多工程实际中如何选用相关参数的问题，力图深入浅出地为初学者及安装工程爱好者找到一条学习水电安装工程施工的捷径。

(4) 可操作性强。书中理论讲述和施工工艺的介绍贴合工程实际，有助于提高职业院校学生的动手能力，也便于校内学习与毕业后工作实践之间的衔接。

本书由天津市建筑工程职工大学田志新副教授担任主编，安徽水利水电职业技术学院何俊教授担任主审，天津市建筑工程职工大学王浩、杨龙任副主编，李学芳及天津城市建设管理职业技术学院邓自宇参与编写。具体分工是：田志新、李学芳编写第 1 章，杨龙编写第 2 章，王浩、邓自宇编写第 3 章。

全书层次分明，条理清晰，结构合理，重点突出。本书既可作为从事建筑安装工程的工程技术管理人员的培训及参考用书，也可作为建筑类高职高专院校工业与民用建筑、工程造价、建筑经济与管理、设备安装等专业的教材，特别适合于水电安装工程施工的初学者。

本书在编写过程中，编者查阅了大量的技术资料和书刊，对引用的数据、表格、图片及内容，在此向原作者致以衷心的感谢。

　　由于编者水平有限，加之时间仓促，书中难免存在不妥之处，敬请广大读者和专家批评指正。

编者

2016 年 7 月

目　　录

第1章　常用的水电安装工程材料及设备

1.1　水暖专业安装工程常用的材料及设备

1.1.1　管材

管道常用的管材按制造材质分，可分为钢管、铸铁管和塑料管等。

1. 钢管

室内给水常用的钢管按制造方法分，可分为无缝钢管和有缝钢管。

（1）无缝钢管。无缝钢管分为冷轧和热轧两种，通常使用在需要承受较大压力的管道上，一般生产、工艺用水管道常用无缝钢管，或者使用在自动喷水灭火系统的给水管上。

（2）有缝钢管。有缝钢管又称为焊接钢管，可分为镀锌钢管（也叫水煤气管，俗称白铁管）和非镀锌钢管（俗称黑铁管）两种。镀锌钢管和非镀锌钢管相比，具有耐腐蚀、不易生锈、使用寿命长等特点。生活给水管管径小于或等于150mm时，应采用镀锌焊接钢管。生产和消防给水管道一般可采用镀锌焊接钢管。

焊接钢管根据壁厚又分为普通焊接钢管、加厚焊接钢管及薄壁焊接钢管等。普通焊接钢管出水试验水压力为2.0MPa，用于工作压力不大于1.0MPa的管道系统；加厚焊接钢管出厂试验水压力为3.0MPa，用于工作压力不大于1.6MPa的管道系统；薄壁管按照规范的要求不允许在管道工程中使用。常用的焊接钢管规格见表1-1。

钢管具有强度高、承受内压力大、抗震性能好、重量比铸铁管轻、接头少、内外表面光滑、容易加工和安装等优点，但抗腐蚀性能差，造价高。

2. 铸铁管

与钢管相比，优点是耐腐蚀，使用寿命长，价格较低。铸铁管多用于室外给水工程和室内的给水管道，例如管径大于150mm时，可采用给水铸铁管；管径大于或等于75mm的埋地生活给水管道，宜采用给水铸铁管道；生活和消火栓给水系统可采用焊接钢管和给水铸铁管。常见的铸铁管规格见表1-2。

排水铸铁管不同于给水铸铁管，管壁较薄，不能承受高压，主要作为生活污水、雨水以且一般工业废水管用。排水铸铁管其接口为承插式，连接方法有石棉水泥接口、膨胀水泥接口和水泥砂浆接口等。常用的排水承插铸铁管规格见表1-3。

3. 塑料管

塑料是以合成或天然高分子树脂为基本材料，再按一定比例加入填充料、增塑剂、固化剂、着色剂及其他助剂等，在一定条件下经混炼、塑化成形，在常温常压下能保持产品形状不变的材料。我国常用的塑料管有以下几种：

（1）硬塑聚乙烯（PVC-U）管。

特性：通常直径为40～100mm。内壁光滑阻力小、不结垢、无毒、无污染、耐腐蚀。使用温度不大于40℃，故为冷水管。抗老化性能好，难燃，可采用橡胶圈柔性接口安装。

给水用硬聚氯乙烯管材、管件按壁厚不同，分为公称压力 0.63MPa 和 1.0MPa 两个压力等级。

应用：给水管道（非饮用水）、排水管道、雨水管道。

表 1-1　　　　　　　　　　　常见的焊接钢管规格

公称口径		外径	钢管				注
			普通管		加厚管		
mm	in	mm	壁厚/mm	理论重量（不计管接头）/（kg/m）	壁厚/mm	理论重量（不计管接头）/（kg/m）	
6	1/8	10.00	2.00	0.39	2.50	0.46	
8	1/4	13.50	2.25	0.62	2.75	0.73	
10	3/8	17.00	2.25	0.82	2.75	0.97	
15	1/2	21.25	2.75	1.25	3.25	1.44	
20	3/4	26.75	2.75	1.63	3.50	2.01	
25	1	33.50	3.25	2.42	4.00	2.91	
32	$1\frac{1}{4}$	42.25	3.25	3.13	4.00	3.77	1. 公称直径是钢管的规格称呼。它不一定等于管外径减 2 倍壁厚之差；
40	$1\frac{1}{4}$	48.00	3.50	3.84	4.25	4.58	2. 镀锌钢管比普通管（不镀锌）重 3%～6%
50	2	60.00	3.50	4.88	4.50	6.16	
70	$2\frac{1}{2}$	75.50	3.75	6.64	4.50	7.88	
80	3	88.50	4.00	8.34	4.75	9.81	
100	4	114.00	4.00	10.85	5.00	13.44	
125	5	140.00	4.50	15.04	5.50	18.24	
150	6	165.00	4.50	17.81	5.50	21.63	

表 1-2　　　　　　　　　　　常见的铸铁管规格

内径/mm	壁厚/mm	有效长度/m	每米重量/kg			备注
			承插	双盘	单盘	
75	9.0	3	19.50	19.83	20.57	
100	9.0	3	25.17	25.47	36.67	
150	9.0	3	38.40	38.67	49.75	
200	10.0	4	51.75	51.75	67.00	每米重量中已包括承口部位（法兰盘部位）的重量
250	10.8	4	69.25	70.00		
300	11.4	5	87.00	88.25		
350	12.0	5	106.50	108.50		

表 1-3　　　　　　　　　　　常用的排水承插铸铁管规格

公称口径/mm	壁厚/mm	有效长度/mm	理论重量/（kg/根）	
			承插直管	双承直管
50	5	1500	10.3	11.2
75	5	1500	14.9	16.5
100	5	1500	19.6	21.2
125	6	1500	29.6	31.7
150	6	1500	34.9	37.6
200	7	1500	53.7	57.9

（2）氯化聚氯乙烯（PVC-C）管。

特性：高温机械强度高，适于受压的场合。使用温度高达 90℃ 左右，寿命可达 50 年。阻燃、防火、导热性能低，管道热损少。管道内壁光滑，抗细菌的滋生性能优于铜、钢及其他塑料管道。热膨胀系数低，产品尺寸全（可做大口径管材），安装费用低。但要注意使用的胶水有毒性。

应用：冷热水管、消防水管系统、工业管道系统。

（3）无规共聚聚丙烯（PP-P）管。

特性：无毒，无害，不生锈，不腐蚀，不会滋生细菌，无电化学腐蚀，膨胀力小。适合采用嵌墙和地平面层内的直埋暗敷方式，水流阻力小。管材内壁光滑，不会结垢，采用热熔连接方式进行连接，牢固不漏，施工便捷，对环境无污染，绿色环保，价格适中。耐热性能好，在工作压力不超过 0.6MPa 时，其长期工作水温为 70℃，短期使用水温可达 95℃，软化温度为 140℃。使用寿命长达 50 年以上。给水聚丙烯（PP-P）塑料管材管件按照壁厚不同分为公称压力 1.0MPa、1.25MPa、1.6MPa、2.0MPa 等几个压力等级。

缺点是管材规格少（外径 20～110mm），抗紫外线能力差，在阳光的长期照射下易老化。属于可燃材料，不得用于消防给水系统。刚性和抗冲击性能比金属管道差。线膨胀系数较大，明敷或架空敷设所需支吊架较多，影响美观。

应用：饮用水管、冷热水管。

（4）丁烯管（PB 管）。

特性：较高的强度，韧性好，无毒。其长期工作水温为 90℃ 左右，最高使用温度可达 110℃。易燃，热胀系数大，价格高。

应用：应用水、冷热水管。特别适用于薄壁、小口径压力管道，如地板辐射采暖系统的盘管。

（5）交联聚乙烯管（PEX 管）。

普通高、中密度聚乙烯（HDPE 及 MDPE）管，其大小为线形结构，缺点是耐热性和抗蠕变能力差，因而普通 PE 管不适宜使用高于 45℃ 的水。交联是 PE 改性的一种方法，PE 交联后变成三维网状结构的交联聚乙烯（PEX），大大提高了其耐热性和抗蠕变能力；同时，耐老化性能、力学性能和透明度等均有显著提高。

分类：PEX 分为 A、B、C 三级，PEX-A（交联度大于 75%）、PEX-B（交联度大于 65%）、PEX-C（交联度大于 60%）。交联度低或无交联度的塑料管较软，韧性大；交联度过高的塑料管较硬，无韧性；因此交联度要适中，80％～90％较理想。

特性：无毒，卫生，透明，有折弯记忆性，不可热熔连接，热蠕动性较小，低温抗脆性较差，原料较便宜。使用寿命可达 50 年。可输送冷、热水，饮用水及其他液体。阳光照射下可使 PEX 管加速老化，缩短使用寿命，避光可使塑料制品减缓老化，使寿命延长，这也是用于地热采暖系统的分水器前的地热管须加避光护套的原因；同时，也可避免夏季供暖停止时光线照射产生水藻、绿苔，造成管路栓塞或堵塞。

应用：主要用于地板辐射采暖系统的盘管。

（6）铝塑复合管。

铝塑复合管是以焊接铝管或铝箔为中层，内外层均为聚乙烯材料（常温使用），或内外层均为高密度交联聚乙烯材料（冷热水使用），通过专用机械加工方法复合成一体的管材。

特性：长期使用温度（冷热水管）80℃，短时最高温度为 95℃。安全无毒，耐腐蚀，不结垢，流量大，阻力小，寿命长，柔性好，弯曲后不反弹，安装简单。

应用：饮用水、冷、热水管。

（7）塑覆铜管。

塑覆铜管为双层结构，内层为纯铜管，外层覆裹高密度聚乙烯或发泡高密度聚乙烯保温层。

特性：无毒，抗菌卫生，不腐蚀，不生锈，不结垢，水质好，流量大，强度高，刚性大，耐热，抗冻，耐久，长期使用温度范围（－70～100℃），比铜管保温性能好。可刚性连接亦可柔性连接，安全牢固，不漏。初装价格较高，但寿命长，不需要维修。

（8）钢塑管。

钢塑管有很多分类，可根据管材的结构分类为钢带增强钢塑管、无缝钢管增强钢塑管、孔网钢带钢塑管以及钢丝网骨架钢塑管。

目前，市面上最为流行的是钢带增强钢塑管，也就是通常所指的钢塑管，这种管材中间层为高碳钢带（通过卷曲成形）或对接焊接成型的钢带层，内外层均为高密度聚乙烯（HDPE）。所以管材承压性能非常好，不同于铝带，承压不高，管材最大口径只能做到 63mm，钢塑管的最大口径可以做到 200mm，甚至更大；由于管材中间层的钢带是密闭的，所以这种钢塑管同时具有阻氧作用，可直接用于直饮水工程，而其内外层又是塑料材质，具有非常好的耐腐蚀性。如此优良的性能，使得钢塑管的用途非常广泛，石油、天然气输送，工矿用管，饮水管，排水管等各种领域均可应用。

4. 陶土管

陶土管分为涂釉和不涂釉两种。陶土管表面光滑，耐酸耐腐蚀，是良好的排水管材，但是切割困难，强度低，运输安装过程损耗大。室内埋设覆土深度要求在 0.6m 以上，在荷载和振动不大的地方，可作为室外的排水管材。生活污水一般采用硬聚乙烯（PVC-U）排水管，当管径较小（$DN<50mm$）时，可采用钢管。当用于埋地生活污水管时，也可采用带釉陶土管。带釉陶土管耐酸耐腐蚀，主要用于排放腐蚀性工业废水。

5. 混凝土及钢筋混凝土管

多用于室外排水管道及车间内部地下排水管道，一般直径在 400mm 以下者为混凝土管，400mm 以上者为钢筋混凝土管。其最大优点是节约金属管材；缺点是强度低、内表面不光滑、耐腐蚀性能差。

6. 石棉水泥管

石棉水泥管质量轻，不易腐蚀，表面光滑，容易割据钻孔，但易脆，强度低，抗冲击力差，容易破损，多作为屋面通气管、外排水雨水落水管。

1.1.2　管件

管件是管道安装工程的连接附件，其主要作用有连接管道，改变管道方向，改变管径，增加分路，连接阀门，各类附件与管道的连接等。管件的种类很多，可按压力、材质和作用分类。

1. 按连接管道的压力分类

工业管道按输送介质的压力不同而不同，与管道连接的管件也按照不同的压力分为低压管件、中压管件和高压管件。

2. 按管件材质分类

（1）可锻铸铁管件。俗称玛钢管件，分为镀锌和不镀锌两种，主要适用于公称压力≤1.6MPa、温度≤175℃的水煤气管道的连接。

（2）卷钢钢管管件。适用于钢板卷制电焊钢管的连接。

（3）无缝钢管管件。适用于无缝钢管和焊接钢管的连接。

（4）铸铁管管件。铸铁管件根据不同的用途，可分为给水铸铁管件和排水铸铁管件。适用于给水铸铁管和排水铸铁管的连接。

（5）有色金属管管件。适用于不同材质的有色金属管道的连接。

（6）高硅铸铁管管件。适用于高硅铸铁管管道的连接。

（7）非金属管件。适用于不同材质的非金属管道的连接。

3. 按管件在管道连接中的作用分类

（1）钢管管件，如图 1-1 所示。

1）管箍。用于管子与管子的连接和管路变径。分为同径和异径两种。

2）补芯（也称内外接头）。用于管路变径，一般用于立管上。

3）活接头（俗称由壬或由任）。用于管路拆卸。

4）弯头。用于改变管道方向，它分为同径和异径两种，又分为 90°和 45°弯。由于制作方法的不同，弯头分为压制弯头、焊接弯头和煨制弯头。

5）三通。用于直管分路或分支处的连接。它分为同径和异径两种，又可分为冲压和焊接。

6）四通。用于直管分路或分支处的连接。分为同径和异径两种。

7）异径管。用于改变管路管径。它分为同心和偏心两种，又可分为冲压和焊接。

8）丝堵。用于堵塞管路作泄水用。

9）内接头（也称对丝）。用于管路相距很短的零件与零件、零件与配件相连接。

（2）铸铁管件。主要有弯管、丁字管、十字管、套管、乙字弯、短管、渐缩管、堵头、管箍、存水弯等，如图 1-2 所示。

（3）非金属管件。主要有弯头、三通、四通、伸缩节、管箍等。

4. 按管件的连接方式分类

（1）钢管件。钢管件分为螺纹连接和法兰连接等形式。法兰连接包括上下法兰、垫片及螺栓螺母三部分。

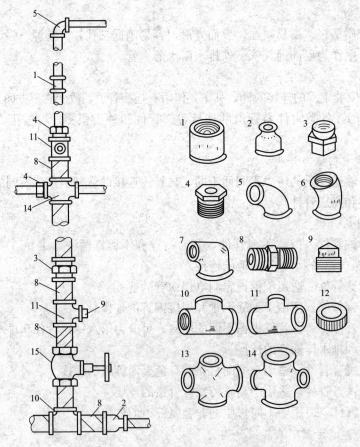

图 1-1　钢管螺纹连接配件及连接方法

1—管箍；2—异直径箍；3—活接头；4—补芯；5—90°弯头；6—45°弯头；
7—异径弯头；8—内管箍；9—丝堵；10—等径三通；11—异径三通；12—根
母；13—等径四通；14—异径四通；15—阀门

1）法兰按照其结构形式和压力不同可分为以下几种：

①平焊法兰。平焊法兰是中低压工艺管道最常用的一种。平焊法兰适用于公称压力不超过 2.5MPa。

②对焊法兰。对焊法兰又称为高颈法兰。它的强度大，不易变形，密封性能较好。对焊法兰分为以下几种形式：光滑式对焊法兰；凹凸式密封面对焊法兰；榫槽密封面对焊法兰；梯形槽式密封面对焊法兰。

③管口翻边活动法兰。管口翻边活动法兰，多用于钢、铝等有色金属及不锈钢管道上，其优点是可以节省贵重金属，同时由于法兰可以自由活动，法兰穿螺钉时非常方便，缺点是不能承受较大的压力。适用于 0.6MPa 以下的管道连接。

④焊环活动法兰。焊环活动法兰多用于管壁比较厚的不锈钢管以及不易于翻边的有色金属管道的法兰连接。其密封面有光滑式和榫槽式两种。

⑤螺纹法兰。

2）垫片。

①橡胶石棉垫。橡胶石棉垫是法兰连接用量最多的垫片，能适用于很多介质，如蒸汽、

煤气、空气、盐水、酸和碱等。

②橡胶垫。常用于输送低压水、酸和碱等介质的管道法兰连接。

③缠绕式垫片。在石油化工工艺管道上被广泛利用。

④齿形垫。常用于凹凸式密封面法兰的连接。齿形垫的材质有普通碳素钢、低合金钢和不锈钢等。

⑤金属垫片。

⑥塑料垫。塑料垫适用于输送各种腐蚀性较强管道的法兰连接。常用的塑料垫片有聚氯乙烯垫片、聚四氟乙烯垫片和聚乙烯垫片等。

3）法兰用螺栓。用于连接法兰的螺栓，有单头螺栓和双头螺栓两种，其螺纹一般都是三角形公制粗螺纹。

（2）铸铁管件。分为承插和法兰连接两种形式，如图 1-2 所示。

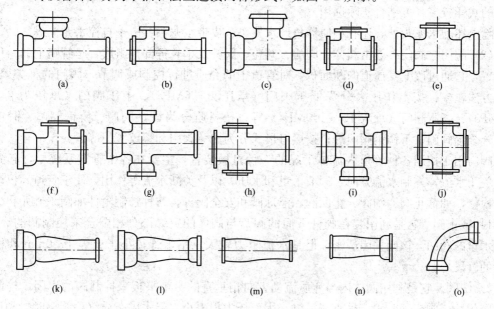

图 1-2　给水铸铁管件

(a) 双层三通；(b) 双盘三通；(c) 三承三通；(d) 三盘三通；(e) 双承单盘三通；(f) 单承双盘三通；
(g) 三承四通；(h) 三盘四通；(i) 四承四通；(j) 四盘四通；(k) 承插渐缩管；(l) 双承渐缩管；
(m) 双插渐缩管；(n) 承插渐缩管；(o) 90°双承弯头

（3）非金属管件。按照不同的材质分为螺纹、承插、套管、焊接、粘接等连接形式。

1.1.3　管道附件

1. 室内给水用附件

（1）各式水龙头。又称配水附件，用以调节和分配水流量，如装设在卫生器具及用水点的各式水龙头等。常用配水附件如图 1-3 所示。

1）截止阀式配水龙头。装设在洗脸盆、污水盆、盥洗槽上的水龙头均属此类。水流经过此类水龙头后改变流向，故压力损失较大。

2）旋塞式配水龙头。该水龙头的旋塞转 90°时，即完全开启，短时间可获得较大的流量，水流呈直线通过，故阻力较小。缺点是启闭迅速时易产生水锤，一般用于压力为

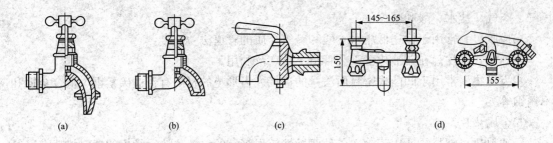

图 1-3　常用配水附件
(a) 皮带式配水龙头；(b) 截止阀式配水龙头；(c) 旋塞式配水龙头；(d) 混合水龙头

0.1MPa 左右的配水点处，如浴池、洗衣房、开水间等。

3) 混合配水龙头。用以调节冷、热水的温度，如盥洗、洗涤、浴用热水等。这种配水龙头的式样较多，可结合实际选用。

除上述配水龙头外，还有小便器角形水龙头、皮带水龙头、电子自控水龙头等。

(2) 阀门。阀门一般由阀体、阀瓣、阀盖、阀杆及手轮等部件组成，是管路上的一种控制装置，它通过改变其通道的断面积，对管道中的介质进行控制或调节。阀门的种类繁多，分类方法较多：按工作压力分为低压阀门（承压 ≥1.6MPa）、中压阀门（承压为 2.5～6.4MPa）、高压阀门（承压 10～100MPa）等；按材质分为铸铁阀门、铸钢阀门、锻钢阀门、合金钢阀门、不锈钢阀门等；按接口形式分为法兰阀门和螺纹阀门等。

阀门用于控制各种管道内流体工况的一种机械装置，主要在各个管道系统中，起到开启、关闭水流，控制水流方向，调节水量和水压，以及关断水流等作用，便于管道、仪表和设备检修，如截止阀、闸阀、止回阀、浮球阀和安全阀等。几种控制附件如图 1-4 所示。

1) 截止阀。它是利用装在阀杆下面的阀盘与阀体的突缘部分相配合来控制阀的启闭、控制水量的阀门。该阀关闭严密，但是水流阻力较大，用于管径小于或等于 50mm 和经常启闭的管段上。

2) 闸阀。它是利用阀体内与介质流动方向相垂直的一个平板来控制阀的启闭、控制水量的阀门。该阀全开时水流呈直线通过，因而压力损失小。但水中杂质沉积阀座时，阀板关闭不严，易产生漏水现象。管径大于 50mm 或双向流动的管段上宜采用闸阀。常用于管路只需开、关的作用点。

3) 蝶阀。它是利用阀体内一个圆盘形的，绕阀体内一个固定轴旋转的阀板用 90°翻转来控制阀门启闭、控制水量的阀门。

4) 止回阀。止回阀又叫逆止阀、单向阀，它是根据阀体内阀瓣前后的压力差而自动启闭阀门、控制水量，且只允许介质向一个方向流动的阀门。室内常用的止回阀有升降式止回阀、旋启式止回阀、立式升降止回阀、消声止回阀和梭式止回阀，其阻力均较大。其中，旋启式止回阀不宜在压力大管道系统中采用，可水平安装或垂直安装，垂直安装时水流只能朝上而不能朝下；升降式止回阀适用于小管径的水平管道上，只能安装在水平管道上；消声止回阀可消除阀门关闭时产生的水锤冲击和噪声；梭式止回阀是利用压差梭动原理制造的新型止回阀，水流阻力小，且密闭性能好。

5) 浮球阀。是一种利用液位的变化而自动启闭的装置，一般设置在水箱、水池的进水管上，用以开启或切断水流，选用时应注意规格和管道一致。

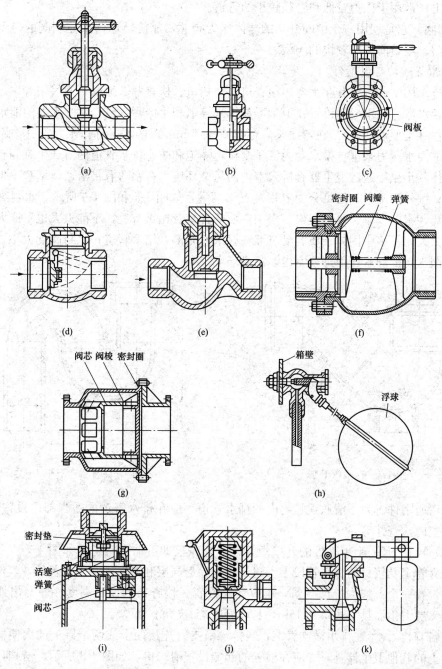

图 1-4　控制附件

（a）截止阀；（b）闸阀；（c）蝶阀；（d）旋启式止回阀；（e）升降止回阀；（f）消声止回阀；
（g）梭式止回阀；（h）浮球阀；（i）液压水位控制阀；（j）弹簧式安全阀；（k）杠杆式安全阀

6）液压水位控制阀。液压水位控制阀是浮球阀的升级换代产品。

7）安全阀。是保证系统和设备安全的阀件，可避免管网、用具或密闭水箱超压破坏。安全阀有杠杆式和弹簧式两种。

8）旋塞阀。又称转心门，装在需要迅速开启或关闭的地方，为了防止因迅速关断水流而引起水击，常用于压力较低和管径较小的管道。

9）球阀。它是利用一个中间开孔的球体作为阀芯，靠旋转球体来控制阀的启闭、控制水量的阀门。是目前发展较快的阀型之一。

2. 排水管道的常用附件

室内排水用附件主要有存水弯、检查口、清扫口、检查井、地漏、通气帽等。

（1）存水弯。存水弯是设置在卫生器具排水管上和生产污（废）水受水器的泄水口下方的排水附件（坐便器除外）。在弯曲段内存有 60～70mm 深的水，称作水封。其作用是利用一定高度的静水压力来抵抗排水管内气压变化，隔绝和防止排水管道内所产生难闻有害气体和可燃气体及小虫等通过卫生器具进入室内而污染环境。存水弯有带清通丝堵和不带清通丝堵的两种；按外形不同，还可分为 P 形和 S 形两种，如图 1-5 和图 1-6 所示。水封高度与管内气压变化、水蒸发率、水量损失、水中杂质的含量及比重有关，不能太大也不能太小。若水封高度太大，污水中固体杂质容易沉淀在存水弯底部，堵塞管道；水封高度太小，管内气体容易克服水封的静水压力进入室内，污染环境。

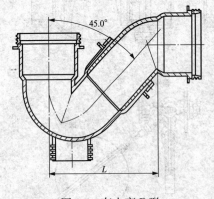

图 1-5　存水弯 P 形

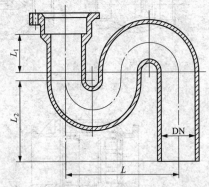

图 1-6　存水弯 S 形

（2）清通附件。为了清通建筑物内的排水管道，应在排水管道的适当部位设置清扫口、检查口和室内检查井等。

1）检查口。是一个带盖板的开口短管，拆开盖板即可清通管道。如图 1-7 所示，它设置在排水立管上及较长的水平管段上。建筑物中除最高层和最底层必须设置外，其他各层可每隔两层设置一个。如为二层建筑，可仅底层设置。检查口的设置高度一般高出地面 1m，并应高出该层卫生器具上边缘 0.15m，与墙面成 45°夹角。

2）清扫口。设置在排水横支管上，当排水横支管连接两个或两个以上的大便器，三个或三个以上的其他卫生器具时，应在横管的起端设置清扫口，如图 1-8 所示。清扫口顶面应与地面相平，且仅单向清通。为了便于拆装和清通操作，横管起端的清扫口与管道相垂直的墙面的距离不得小于 0.15m。

在水流转弯小于 135°的污水横管上，应设置清扫口或检查口。直线管段较长的污水横管，也应设置清扫口或检查口。排水管道上的清扫口，在排水管道管径小于 100mm 时，口径尺寸与管道相同；当排水管道管径大于 100mm 时，口径尺寸应为 100mm。

3）室内检查井。如图 1-9 所示，对于不散发有害气体或大量蒸汽的工业废水管道，在管道转弯、变径、改变坡度和连接支管处，可设室内检查井。在直线管段上，排除生产废水时，检查井的间距不得大于 30mm；排除生产污水时，检查井的间距不得大于 20mm。对于生活污水排水管道，在室内不宜设置检查井。

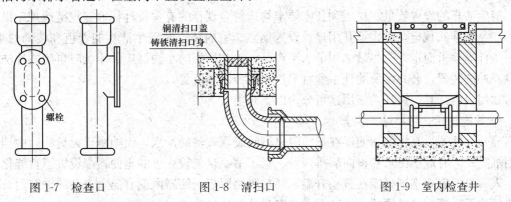

图 1-7 检查口   图 1-8 清扫口   图 1-9 室内检查井

（3）地漏。地漏主要设置在厕所、浴室、盥洗室、卫生间及其他需要从地面排水的房间内，用以排除地面积水。在排水口处盖有箅子，用来阻止杂物进入排水管道，有带水封和不带水封两种，布置在不透水地面的最低处。箅子顶面应比地面低 5～10mm，水封深度不得小于 50mm，其周围地面应有不小于 0.01 的坡度坡向地漏。

地漏从材质上分主要有铸铁、工程塑料（ABS）、硬聚氯乙烯（UPVC），也可采用铜合金和不锈钢等材料。从功能上分有带弯头的防臭地漏、升降地漏、超薄地漏，还有洗衣机专用地漏。随着建筑市场的发展，地漏的功能已从单一的地面排水，发展到接纳容器具排水或兼有其他功能。

（4）通气帽。通气帽设置在通气管顶端，以防止杂物进入管内。其形式一般有两种，如图 1-10 所示。甲型通气帽采用 20 号铁丝按顺序编绕成螺旋形网罩，可用于气候较暖和的地区；乙型通气帽采用镀锌铁皮制作而成的伞形通气帽，适于冬季采暖室外温度低于 -12℃ 的地区，它可避免因潮气结冰霜封闭铁丝网罩而堵塞通气口的现象发生。

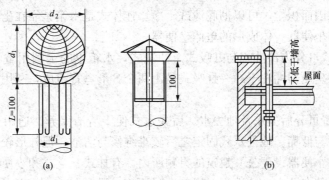

图 1-10 通气帽

1.1.4 卫生洁具

建筑内卫生器具是用来满足人们日常生活中各种卫生要求、收集和排放生活及生产中的污水、废水的设备。卫生器具的种类繁多，但对其共同的要求是表面光滑、不透水、无气孔、耐腐蚀、耐冷热、易于清洗和经久耐用等。目前制造卫生器具所选用的材料主要有陶瓷、搪瓷生铁、搪瓷钢板、塑料，还有水磨石等。随着建材技术的发展，国内外已相继推出玻璃钢、人造大理石、人造玛瑙、不锈钢等新材料。卫生洁具五金配件的加工技术，也由一一般的镀铬处理，发展到用各种手段进行高精度加工，以获得造型美观、节能、消声的高档产品。

卫生洁具的设置数量、材质和技术要求均应符合现行的有关设计标准、规范或规定以及有关产品标准的规定，应根据其用途、设置地点、室内装饰对卫生洁具的着色和装饰效果、维护条件等要求而定。应尽量选用节水型产品；公共场所的小便器应采用延时自闭式冲洗阀或自动冲洗装置，公共场所的洗手盆宜采用限流节水型装置。

常用卫生洁具，按其功能用途可分为以下几类：

1. 排泄污水、污物的卫生器具

（1）大便器。高档的坐便器在排污时呈缸吸旋涡式转动冲水，无响声，无臭味。中档的多用缸吸式，有底部出水和横向后排两种。据了解，目前较先进的坐便器都设置了智能化装置。人一坐上就会感到坐圈在自动升温，便后脚踏踩板，便器内就有温水自动冲洗肛门，继而热风吹干。新型的坐便器还带有保温和净身功能。

我国常用的大便器按照品种有坐式、蹲式和大便槽三种类型。

1）坐式大便器。有冲洗式和虹吸式两种，其构造本身包括存水弯。冲洗设备一般多采用低压水箱。坐式大便器多安装在住宅、医院、宾馆的卫生间里，具有造型美观，使用方便等优点。

2）蹲式大便器。多装设在公共卫生间、一般住宅以及普通旅馆的卫生间里，一般采用高水箱或冲洗阀进行冲洗。

3）大便槽。大便槽是个狭长开口的槽，多用水磨石或瓷砖建造。使用大便槽卫生条件较差，但设备简单，造价低。一般在槽的起端设自动冲洗水箱，定时冲洗。目前多用于一些建筑标准不高的公共建筑中。

大便器还有以下几种分类形式：

1）依水箱与坐便器连接方式可分高位、低位和连体三种。高位是传统方式，现除蹲厕外均已不采用此方式。低位这种方式经常被医院及学校所采用，因为水箱与坐便器是分离的，没有衔接缝隙因而积尘，可以彻底清洗干净。连体式是水箱紧靠在坐便器之上，外形较美观。另有水箱与坐便器一体成形的单体坐便器。

2）依排水方式可分为冲洗式与虹吸式。冲洗式，水箱里的水利用重力（地心引力）将排泄物排除同时将坐便器冲洗干净。虹吸式是由两个 S 形弯管组成，利用重力及吸力来完成清洁工作。

3）依出水位置可分后去水及地去水。后去水式便于清洁保养，通用于欧洲、中国香港地区。又可分高嘴与低嘴。地去水式固定之后较难维修与清洁，但外形较美观。

（2）小便器。小便器设于公共建筑的男厕所内，有挂式、立式和小便槽三种。

挂式小便器悬挂在墙上，冲洗方式视其数量而定，数量较多时可以采用自动冲洗水箱，数量不多时可采用手动冲洗阀，每只小便器均设置存水弯。

立式小便器设置在对卫生设备要求较高的公共建筑的男厕所内，如展览馆、大剧院、宾馆等场所，常用两个以上成组安装，冲洗方式多为自动冲洗水箱。

小便槽多为用瓷砖沿墙砌筑的浅槽，其构造简单，造价低，能同时容纳较多的人员使用，故广泛应用于公共建筑、工矿企业、集体宿舍的男厕所内。小便槽可用普通阀门控制的多孔管冲洗，也可采用自动冲洗水箱冲洗。

2. 盥洗、沐浴用卫生洁具

（1）洗脸盆。洗脸盆安装在住宅的卫生间及公共建筑的盥洗室、洗手间、浴室中，供洗脸洗手用。

1）洗脸盆可分为挂式、立柱式、台式三种。

①台式。又分为修边式台上面盆和台下式面盆。修边式台上面盆是直接安装在台上，脸盆修边可修饰台面；台下式则是配合坚固台面材料，安装在台面下的面盆。

②悬挂式。又称挂墙式，这种面盆要在装修时砌起一道矮墙，将水管包入墙体中。

③立柱式。引人注目的视觉焦点，脸盆下空间开阔，易于清洁。

目前，市场上较多的是悬挂式洗面器，采用支架固定在墙壁上，洗面用的新型龙头，增加了钢网，能感压，使水流到皮肤上轻柔舒适。较高级的单把拨摆式冷热水调和式水龙头，有的还安装高温限制安全器，可避免高温对人体的烫伤；不有靠红外线自动开闭式水龙头，防止洗手后的二次污染。特别是一些较高档的排水使用金属提拉式排水组件，替代了排水器用强链式橡胶塞，充分体现了现代家庭的时尚化。

2）洗脸盆的几个常用品种。

①角型洗脸盆。由于角型洗脸盆占地面积小，一般适用于较小的卫生间，安装后使卫生间有更多的回旋余地。

②普通型洗脸盆。适用于一般装饰的卫生间，经济实用，但不美观。

③立式洗脸盆。适用于面积不大的卫生间，它能与室内高档装饰及其他豪华型卫生洁具相匹配。

3）脸盆的材料种类。

①陶瓷脸盆。是最普遍使用的材料。

②不锈钢。磨光的不锈钢与现代的电镀水龙头极为配备，但镜面的表层容易刮花，所以，对用量大的用户，不妨选购刷光的不锈钢。

③磨光黄铜。为免褪色，黄铜需要磨光，表面漆上保护层，防刮花及防水。平日只需用软布加上没有磨损力的清洁剂，便能保持清洁。

④加强玻璃。厚而安全，防刮和耐用，有很好的反射效果，令浴室看起来更晶莹，适宜木台面配置。

⑤改造的石材。石粉加入了颜色及树脂，制造出如天然云石般光滑的物料，但更坚硬和防污，而且有更多的款式可供选择。

（2）盥洗槽。盥洗槽设在公共建筑、集体宿舍、旅馆等的盥洗室中，一般用瓷砖或水磨石现场建造，有长条形和圆形两种形式。有定型的标准图集可供查阅。

（3）浴缸。浴缸是高档卫生间的设备之一，产品有仿大理石、铸铁、钢板、磨砂、玻璃钢板等，形状花样繁多。按浴洗方式分，有坐浴、躺浴、带盥洗底盘的坐浴。按功能分有泡澡浴缸和按摩浴缸。接材质分有亚克力浴缸、钢板浴缸、铸铁浴缸等。除了传统的浴缸外，又衍生出按摩浴缸、电脑蒸汽房、淋浴房、电脑多功能淋浴房、水力按摩系统、桑拿房、药浴等。其中桑拿蒸汽房，是将桑拿浴与蒸汽浴合二为一，可以在同一房体内享受两种不同的感觉。同时使房体由桑拿房和蒸汽房减为一种房体，大大节省了有限的空间，配以专用温控器，可以把桑拿蒸汽的温度控制在理想的水平。药浴器采用露头式设计，受浴者仅让躯体受到蒸汽熏，完全免除传统桑拿浴头部受蒸熏之苦，给人以新的感觉，新的享受，受浴者有超脱之感。冲浪按摩则是通过强劲有力的按摩喷嘴，受浴人置身其中，令您无须到大海，也能享受到冲浪的闲适。

（4）淋浴器。淋浴器是一种占地面积小、造价低、耗水量小、清洁卫生的淋浴设备，广泛用于集体宿舍、体育场馆及公共浴室中。淋浴器有成品的，也有现场组装的。

3. 洗涤用卫生器具

洗涤用卫生器具供人们洗涤器物之用，主要有污水盆、洗涤盆、化验盆等。通常污水盆装置在公共建筑的厕所、卫生间及集体宿舍盥洗室中，供打扫厕所、洗涤拖布及倾倒污水之用；洗涤盆装置在居住建筑、食堂及饭店的厨房内供洗涤碗碟及蔬菜食物食用。

1.1.5 采暖设备

所有的采暖系统都由热源（热媒制备）、热网（热媒输送）和散热设备（热媒利用）三个主要部分组成，如图 1-11 所示。

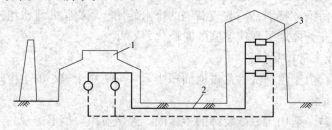

图 1-11 热水集中供暖系统示意图
1—热源（锅炉房）；2—热网（输热管道）；3—散热器

目前广泛应用的热源是锅炉房和热电厂，此外也可以利用核能、地热、太阳能、电能、工业余热作为采暖系统的热源；热网是由热源向热用户输送和分配供热介质的管道系统；散热设备是将热量传至所需空间的设备。

采暖系统按供暖范围来分，可分为：

（1）局部供暖系统。热源、输热管网和散热设备联成整体而不能分离的供暖系统称为局部供暖系统。如火炉采暖、户用燃气供暖、电加热器采暖等。

（2）集中供暖系统。热源和散热设备分开设置，由管网将它们连接，由热源向各个房间或各个建筑物供给热量。集中供暖系统按照采暖热媒可以分为：

1）热水供暖系统。热媒为热水，利用水的显热来输送热。

2）蒸汽供暖系统。热媒为蒸汽，利用水的潜热来输送热。

3）热风供暖系统。热媒为空气，将热风直接送入供暖点及空间。

（3）区域供暖系统。以集中供热的热网作为热源，通过热网向一个建筑群或一个区域供应热能的供暖系统，称区域供暖系统。

1. 供热锅炉

供热锅炉是最常见的为采暖及生活提供蒸汽或热水的设备。锅炉系统如图 1-12 所示。

2. 热网

热网包括管道系统和安装在其上的附件。主要附件有管件、阀门、补偿器、支座和器具（放气、放水、疏水、除污）等，这些附件是保证热网正常运行的重要部分。

（1）按布置形式可分为枝状管网、环状管网和辐射管网。

1）枝状官网。呈树枝状布置的管网，是热水管网最普遍采用的形式。布置简单，基建

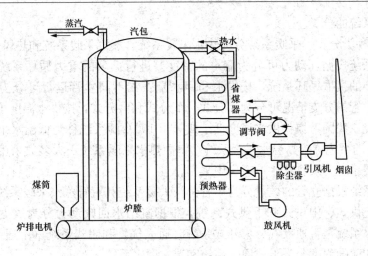

图 1-12　锅炉系统示意图

投资少，运行管理方便。

2）环状管网。它是干线构成环形的管网。当输配干线某处出现事故时，可以断开故障段后，通过环状管网由另一方向保证供热。环状管网投资大，运行管理复杂，管网要有较高的自动控制措施。

3）辐射管网。它是从热源内的集配器上引出多根管道将介质送往各管网。管网控制方便，可实现分片供热，但投资和材料耗量大，比较适用于面积较小、厂房密集的小型工厂。

（2）按介质的流动顺序可分为一级管网和二级管网。

1）一级管网是由热源至换热站的管道系统。

2）二级管网是由换热站至热用户的管道系统。

（3）按热网与采暖用户的连接方式可分为直接连接和间接连接两种。

1）直接连接。是用户系统直接连接于热网上，热网供水（蒸汽）直接进入热用户的散热器，放热后返回热网回流管。当热网为高温水供热，网路供水温度超过用户要求的供水温度时，可采用装设喷射器或装设混合水泵连接。

2）间接连接。是在换热站或热用户处设置换热器，用户系统与热水（蒸汽）网路被换热器隔离，形成两个独立的系统，用户与网路之间的水力工况互不影响。

3. 用户采暖系统的组成和分类

（1）采暖系统的组成。室内采暖系统（以热水采暖系统为例），一般由主立管、水平干管、支立管、散热器横支管、散热器、排气装置、阀门等组成，如图 1-13 所示。

热水由入口经过主立管、供水干管、各支立管、散热器供水支管进入散热器，放出热量后经散热器回水支管、立管、回水干管流出系统。排气装置用于排除系统内的空气，阀门起调节和启闭作用。

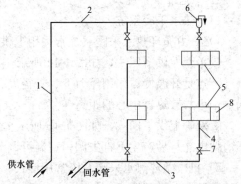

图 1-13　室内热水采暖系统示意图

1—主立管；2—供水干管；3—回水干管；4—支立管；
5—散热器回水横支管；6—排气装置；7—阀门；
8—散热器

（2）采暖系统的分类。

1）按热媒种类分类。采暖系统分为热水采暖系统、蒸汽采暖系统和热风采暖系统。

热水采暖系统按循环动力可分为靠水的密度差进行循环的重力循环系统和靠机械（水泵）力进行循环的机械循环系统，按供水和回水是否在不同立管运行可分为单管和双管系统，按干管和立管的分支情况可分为上分式、下分式和中分式，按供水温度可分为低温水和高温水供暖系统。我国习惯将供水温度低于或等于100℃的系统称为低温水采暖系统，供水温度高于100℃的系统称为高温水采暖系统。室内热水采暖系统，大多数采用低温水作为热媒，高温水采暖系统一般宜在生产厂房中采用。

蒸汽采暖系统根据立管的数量分为单管蒸汽采暖系统和双管蒸汽采暖系统，根据蒸汽干管的位置分为上供式、中供式和下供式系统，根据凝结水回收动力分为重力回水和机械回水，根据凝结水系统是否通大气分为开式系统（通大气）和闭式系统（不通大气），根据凝结水充满管道断面的程度分为干式回水系统和湿式回水系统。

热风采暖系统用热水或蒸汽将热能从热源输送至热交换器，经热交换器把热能传给空气，由空气再把热能输送至各采暖房间。热风采暖系统主要有集中送风系统、热风机采暖系统、热风幕系统和热泵采暖系统。

2）按供、回水方式分类。可分为上供下回式、上供上回式、下供下回式、下供上回式和中供式系统。

3）按散热器连接方式分类。热水采暖系统可分为垂直式与水平式系统。垂直式采暖系统是不同楼层的各组散热器用垂直立管连接的系统，一根立管可以在一侧或两侧连接散热器。水平式采暖系统是同一楼层的散热器用水平管线连接的系统，便于分层控制和调节。

4）按连接散热器的管道数量分类。热水采暖系统可分为单管系统与双管系统。用一根管道将多组散热器一次串联起来的系统为单管系统，用两根管道将多组散热器相互关联起来的系统为双管系统。

5）按并联环路水的流程分类。可将采暖系统划分为同程式系统与异程式系统。各环路总长度不相等的系统为异程式系统，各环路总长度基本相等的系统为同程式系统。

4. 常见采暖系统

（1）热水采暖系统。

1）重力循环热水采暖系统常采用上供下回式形式。

①单管上供下回式，如图1-14所示。

特点是升温慢、作用压力下、管径大、系统简单、不消耗电能；水力稳定性好；可缩小锅炉中心与散热器中心的距离。

②双管上供下回式，如图1-15所示。特点是升温慢、作用压力小、管径大、系统简单、不消耗电能；易产生垂直失调；室温可调节。

2）机械循环热水采暖系统常用形式。

①双管上供下回式，如图1-16所示。特点是最常用的双管系统做法，排气方便，室温可调节，易产生垂直失调。

②双管下供下回式，如图1-17所示。特点是缓和了上供下回式系统的垂直失调现象；安装供回水干管需设置地沟；室内无供水干管，顶层房间美观；排气不便。

③双管中供式，如图 1-18 所示。特点是可解决一般供水干管挡窗问题；解决垂直失调比上供下回式有利，对楼层、扩建有利，排气不利。

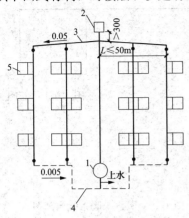

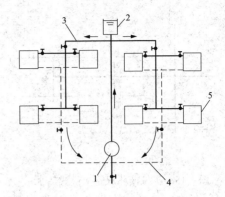

图 1-14　重力循环单管上供
　　下回采暖系统

1—锅炉；2—膨胀水箱；3—供热水干管；
　4—回热水干管；5—散热器组

图 1-15　重力循环双管上供
　　下回采暖系统

1—锅炉；2—膨胀水箱；3—供热水干管；
　4—回热水干管；5—散热器组

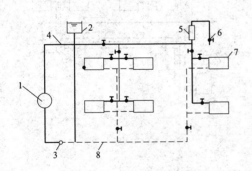

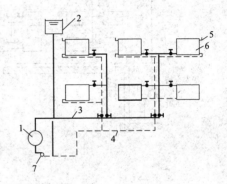

图 1-16　机械循环双管上供下回
　　采暖系统

1—锅炉；2—膨胀水箱；3—水泵；4—供热水
干管；5—集气罐；6—放空气阀；7—散热器
组；8—回热水干管

图 1-17　机械循环双管下供下回
　　采暖系统

1—锅炉；2—膨胀水箱；3—供热水干
管；4—回热水干管；5—散热器组；6—
放空气阀；7—水泵

（2）蒸汽采暖系统。

1）蒸汽采暖系统基本原理。图 1-19 是蒸汽采暖系统的原理图。水在锅炉中被加热成具有一定压力和温度的蒸汽，蒸汽靠自身压力通过管道流入散热器内，在散热器内放热后，蒸汽变成凝结水，凝结水经过疏水器后沿凝结水管道返回凝结水箱内，再由凝结水泵送入锅炉重新被加热变成蒸汽。

2）低压蒸汽供热系统的基本形式。

①重力回水低压蒸汽采暖系统，如图 1-20 所示。重力回水低压蒸汽宜在小型系统中采用。当供暖系统作用半径较大时，要采用较高的蒸汽压力才能将蒸汽输送到最远散热器。如

仍用重力回水方式,凝水管里水面高度就可能达到甚至超过底层散热器的高度,底层散热器就会充满凝水并积聚空气,蒸汽就无法进入,从而影响散热。

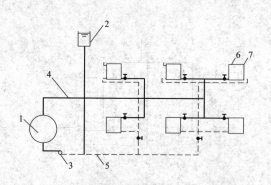

图 1-18 机械循环双管中供式热水
采暖系统

1—锅炉;2—膨胀水箱;3—水泵;4—供热水干
管;5—回热水干管;6—散热器组;7—放空气阀

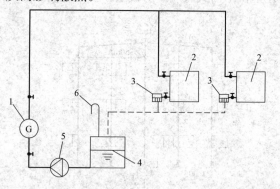

图 1-19 蒸汽采暖系统原理图

1—蒸汽锅炉;2—散热器;3—疏水器;4—凝结水箱;
5—凝水泵;6—空气管

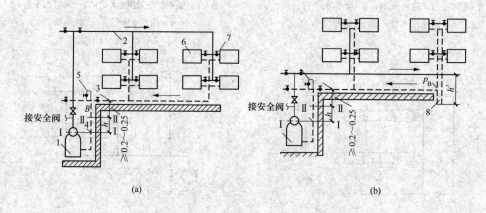

(a)   (b)

图 1-20 重力回水低压蒸汽采暖系统

(a) 上供式;(b) 下供式

1—锅炉;2—蒸汽管;3—干式自流凝结水管;4—湿式凝结水管;5—空气管;
6—散热器;7—截止阀;8—水封

②机械回水低压蒸汽采暖系统,如图 1-21 所示。机械回水低压蒸汽采暖系统的主要特点是供汽压力小于 0.07MPa 以及凝结水依靠水泵的动力送回热源重新加热。

3)高压蒸汽供暖系统基本形式。高压蒸汽与低压蒸汽相比,具有下列特点:①供汽压力高,流速大,系统作用半径大,但沿程管道热损失也大。对于同样的热负荷,所需管径小;但如果沿程凝结水排除不畅时,会产生严重水击。②散热器内蒸汽压力高,表面湿度也高,对于同样的热负荷,所需散热面积少;但易烫伤人和烧焦落在散热器上的有机尘,卫生和安全条件差。③凝水湿度高,容易产生二次蒸汽。

①开式高压蒸汽采暖系统,如图 1-22 所示。一般采用双管的上供下回式布置。

②设置二次蒸发箱的高压蒸汽采暖系统,如图 1-23 所示。当回水生成二次汽量较大时,可设计成"二次蒸汽"再利用的系统。

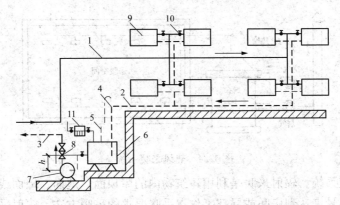

图 1-21　中供式机械回水低压蒸汽采暖系统

1—蒸汽管；2—凝结水管；3—会热源的凝结水管；4—空气管；

5—通气管；6—凝结水管；7—凝结水泵；8—止回阀；9—散热器；

10—截止阀；11—疏水器

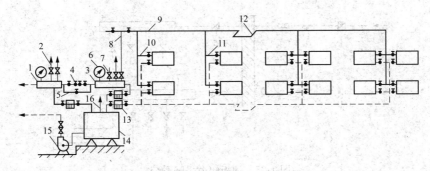

图 1-22　开式高压蒸汽采暖系统

1—高压分汽缸；2—工艺用户供汽管；3—低压分汽缸；4—减压阀；5—减压阀旁通管；6—

压力表；7—安全阀；8—供汽主管；9—水平供汽干管；10—供汽立管；11—供汽支管；

12—方形补偿器；13—疏水器；14—凝结水箱；15—凝结水泵；16—通气管

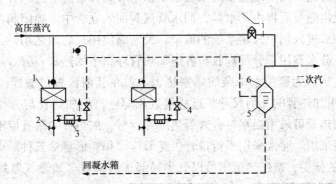

图 1-23　有二次蒸发箱的高压蒸汽采暖箱

1—高压用汽设备；2—放水阀；3—疏水器；4—止回阀；5—二次

蒸发箱；6—安全阀；7—压力调节器

（3）热风采暖系统。热风采暖系统是利用热风炉输出热风进行采暖的系统，如图 1-24 所示。热风采暖适用于耗热量大的建筑物，间歇使用的房间和有防火防爆要求的车间，具有热惰性小、升温快、设备简单、投资省等优点。

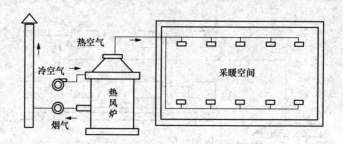

图 1-24　热风采暖系统

（4）辐射采暖系统。辐射采暖是利用建筑物内的屋顶面、地面、墙面或其他表面的辐射散热设备散出的热量来达到房间或局部工作点采暖要求的采暖方法。辐射采暖具有节能，舒适性强，能实现"按户计量、分室调温"，不占用室内空间等特点。

1）地板辐射采暖系统的组成。地板辐射采暖系统主要由锁闭阀、调节阀、关断阀、过滤器、热表、集水器、分水器、排气阀、加热管等组成，如图 1-25 所示。

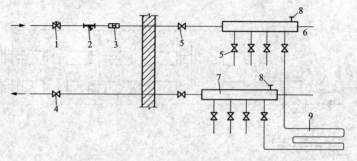

图 1-25　地板辐射采暖系统

1—调节锁闭阀；2—过滤器；3—热表；4—锁闭阀；5—关断阀；
6—分水器；7—集水器；8—排气阀；9—加热管

热水由供水立管流入用户地板辐射采暖系统供水管，经过滤后进入分水器，分配到各组加热管环路中，放出热量后再由集水器、回水管流到回水立管中。锁闭阀由供暖管理部门启闭，调节阀用于调节进入用户采暖系统的流量，关断阀供用户启闭之用，需要热计量时应安装热表，集水器、分水器用于分配和收集各组加热管环路中的热水，分（集）水器顶部应安装自动和手动排气阀，为避免水中杂质堵塞热表，需在其前设置过滤器。连接在同一个分（集）水器上的各组加热管的几何尺寸长度应接近相等，每组加热管与分（集）水器相连处应安装关断阀。加热管可采用铝塑符合管等热塑性管材。加热管的布置应根据保证地板表面温度均匀的原则而采用，通常采用平行排管、蛇形排管和蛇形盘管三种形式（图 1-26）。

2）辐射采暖的分类。按供热范围可以分为局部辐射采暖（如燃气器具或电炉）和集中

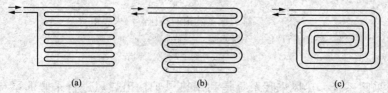

(a)　　　　　　　　　(b)　　　　　　　　　(c)

图 1-26　加热管的布置形式

（a）平行排管式；（b）蛇形排管式；（c）蛇形盘管式

辐射采暖，按辐射面温度可以分高、中、低温辐射采暖，按热媒可以分为热水、蒸汽、空气和电辐射采暖。

（5）分户热计量采暖系统。

1）分户水平单管系统。水平支路长度限于一个住户之内，能够分户计量和调节供热量，可分室改变供热量满足不同的温度要求。分户水平单管系统可采用图 1-27 的形式。

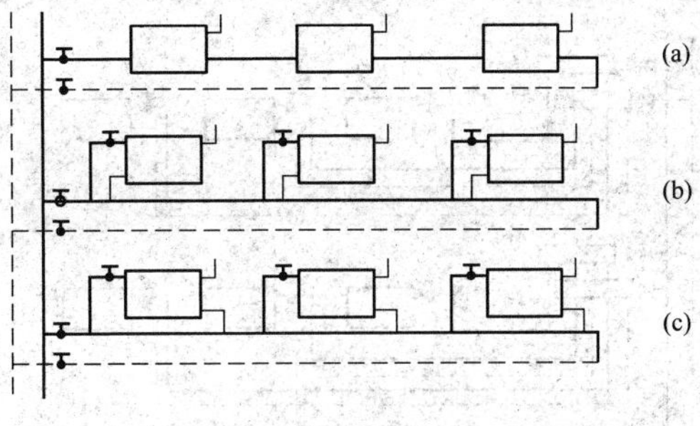

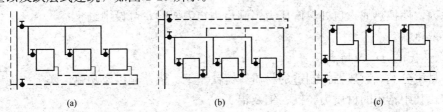

图 1-27　分户热计量水平单管系统

(a) 顺流式；(b) 同侧接管跨越式；(c) 异侧接管跨越式

2）分户水平双管系统。如图 1-28 所示，该系统一个住户内的各组散热器并联，可实现分房间温度控制。户内供回水干管可设置成上供下回式、上供上回式和下供下回式，系统可布置成同程式和异程式。

3）分户水平单双管系统。兼有上述分户水平单管和双管系统的优缺点，可用于面积较大的户型以及跃层式建筑，如图 1-29 所示。

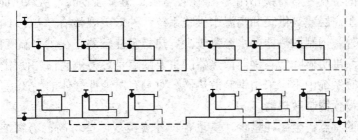

图 1-28　分户水平双管系统

(a) 上供下回；(b) 上供上回；(c) 下供下回

图 1-29　分户水平单、双管系统

4）分户水平放射式系统。在每户的供热管道入口设小型分水器和集水器，各组散热器并联（图 1-30）。从分水器引出的散热器支管呈辐射状埋地敷设（因此又称为"章鱼式"）至各组散热器。

5．采暖系统的主要设备和部件

（1）水泵。常用的水泵有循环水泵、补水泵、混水泵、凝结水泵、中继泵等。

1）循环水泵。循环水泵提供的扬程应等于水从热源经营管路送到末端设备再回到热源一个闭合环路的阻力损失，即扬程不应小于设计流量条件下热源、热网、最不利用户环路压力损失之和。一般将循环水泵设在回水干管上，这样回水温度低，泵的工作条件好，有利于延长其使用寿命。

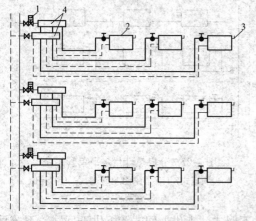

图 1-30　分户水平单、双管系统
1—热表；2—散热器；3—放气阀；4—分、集水器

2）补水泵。为保持系统内合理压力工况，从系统外向系统内补水的水泵。补水泵常设置在热源处，当热网有多个补水点时，还应在补水点处设置补水泵（一般在换热站或中继站）。

3）混水泵。使供热用户系统的部分回水与热网供水混合的水泵。来自热网供水管的高温水在建筑物用户入口或换热站处，与浑水泵抽引的用户或街区网路部分回水相混合，降低温度后，再进入供暖系统。

4）凝结水泵。用于输送凝结水的水泵。凝结水泵台数不应少于 2 台，其中 1 台备用。凝结水泵可设置在热源、凝水回收站和用户内。

5）中继泵。热水网路中根据水力工况要求，为提高供热介质压力而设置的水泵。当供热区域地形复杂或供热距离很长，或热水网路扩建等原因，使换热战入口处热网压力不满足用户需要时，可设中继泵。

（2）散热器。

1）散热器的分类及特点。

①按材质分类。散热器按制造的材质有铸铁、钢、铝、铜以及塑料、陶土、混凝土、复合材料等，其中常用的材质为铸铁、钢及铝。

铸铁散热器的特点：结构简单，防腐性好，使用寿命长以及热稳定性好；其金属耗量大、金属热强度低于钢制散热器。

钢制散热器的特点（与铸铁相比）：金属耗量少；耐压强度高，从承压能力的角度来看，钢制散热器适用于高层建筑供暖和高温水供暖系统；外形美观整洁，占地小，便于布置；除钢制柱形散热器外，钢制散热器的水容量较少，热稳定性较差，在供水温度偏低而又采用间歇供暖时，散热效果明显降低。钢制散热器的主要缺点是容易被腐蚀，使用寿命比铸铁散热器短；在蒸汽供暖系统中不应采用钢制散热器。对具有腐蚀性气体的生产厂房或相对湿度较大的房间，不宜设置钢制散热器。

铝制散热器的特点：金属耗量少，重量轻；外表美观；造价高；易腐蚀；辐射系统小，外形上应采用措施以提高空气对流散热量。

②按结构形式分类。散热器的结构形式有翼形、柱形、柱翼形、管形、板形、串片形等，常用的为柱形和翼形散热器。

翼形散热器的特点：制造工艺简单，长翼形的造价较低；金属热强度和传热系统比较低，外形不美观，灰尘不易清扫，特别是它的单体散热量较大，设计选用时不易恰好组成所需的面积，因而目前不少设计单位趋向于不选用这种散热器；圆翼形多用于不产尘车间，有时也用在要求散热器高度小的地方。

柱形散热器的特点（与翼形相比）：金属热强度及传热系数高；外形美观，易清除积灰；容易组成所需的面积，因而它得到较广泛的应用。

2）常用的散热器。

①柱形散热器。其形状为矩形片状，中间有几根中空的立柱，各立柱的上下端互相连

通，顶部和底部各有一对带正反螺纹的孔，亦为热介质的进出口，如图 1-31 所示。柱形散热器有带脚和不带脚的两种片型，便于落地或挂墙支装。常用的柱形散热器有二柱、四柱和五柱三种。如标记 TZA-6-5：T 表示灰铸铁，Z 表示柱形，4 表示柱数，6 表示同侧面进出口中心距为 600mm，5 表示最高工作压力 0.5MPa。

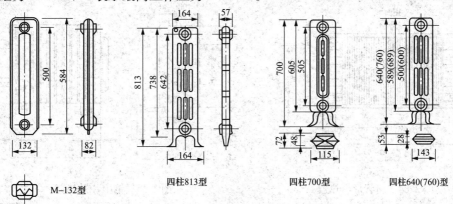

M-132型　　四柱813型　　四柱700型　　四柱640(760)型

图 1-31　柱形散热器

②长翼形散热器。长翼形散热器多用于民用建筑，由灰口铸铁铸造而成，其形状为外有翼片、内部成扁盒状的空间，如图 1-32 所示。根据翼片多少分为大 60 和小 60 两种，大 60 是 14 个翼片，每片长 280mm；小 60 是 10 个翼片，每片长 200mm；其高度均为 600mm。如标记 TC0.28/5-4：T 表示灰铸铁，C 表示长翼形，0.28 表示片长 280mm，5 表示同侧面进出口中心距为 500mm，4 表示最高工作压力 0.4MPa。

③钢制板式散热器。由面板、背板、对流片、进出水接头等组成，如图 1-33 所示。面板和背板用 1.2~1.5mm 冷轧钢板冲压成形。面板与背板滚焊成整体后形成水平联箱和竖向水道。背板后面可焊对流片增加散热面积。进出水口连到联箱上。

④扁管形散热器。由长方形扁管平排成平面并在背面、扁管两端加联箱焊成整体，如图 1-34 所示。背面可点焊对流片，还可以构成双板带对流片的形式。

⑤钢串片散热器。由钢管套钢片制成，如图 1-35 所示。该种散热器有带罩和无罩两种，有罩钢串片散热器是典型的对流散热器。

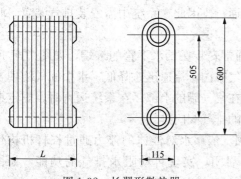

图 1-32　长翼形散热器

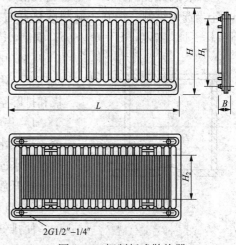

图 1-33　钢制板式散热器

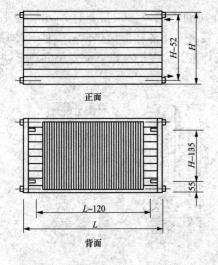

图 1-34　扁管形散热器

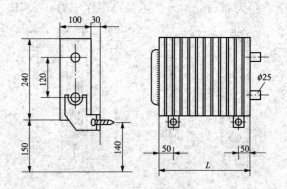

图 1-35　钢串片散热器

⑥光面排管散热器。由钢管焊接而成，如图 1-36 所示。该种散热器易于清除积灰，适用于灰尘较大的车间；承压能力高，但较笨重，耗钢材，占地面积大。

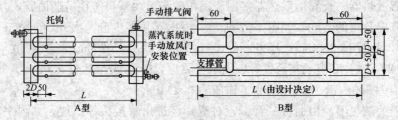

图 1-36　光面排管散热器

3）散热器的选用。

①散热器的承压能力应满足系统的工作压力。

②放散粉尘或防尘要求较高的工作建筑，应选用易于清扫的散热器。

③具有腐蚀性气体的工业建筑或相对湿度较大的房间应选用外表面耐腐蚀的散热器。

④当选用钢制、铝制、铜制散热器时，为降低内腐蚀，应对水质提出要求，一般钢制 pH＝10～12，铝制 pH＝5～8.5，铜制 pH＝7.5～10 为适用值。

（3）排气设置。系统空气如不及时排除，易在系统中形成气塞，阻碍水的通行。因此在系统中需安装排气装置，收集和排除空气。

1）集气罐。通常安装在供水下管的末端，如图 1-37 所示。当热水进入集气罐内，流速迅速降低，水中的气泡便自动浮出水面，聚集在集气罐的上部。在系统运行时，需定期手动打开放气管上的排气阀门排气。

2）自动排气阀。依靠水对浮体的浮力通过杠杆机构传动，使排气孔自动启闭，实现自动阻水排气的功能，如图 1-38 所示。

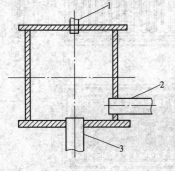

图 1-37　集气罐
1—放气管；2—进水口；3—出水口

3）冷风阀。又称为跑风门，多用在水平式和下供下回式系统中，它旋紧在散热器上部专设的丝孔上，以手动方式排除空气，如图1-39所示。

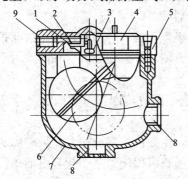

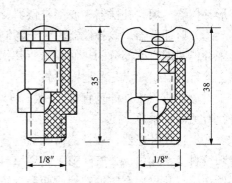

图1-38 自动排气阀　　　　　　　　图1-39 冷风阀

1—杠杆机构；2—垫片；3—阀堵；4—阀盖；5—垫片；

6—浮子；7—阀体；8—接管；9—排气孔

（4）膨胀水箱。膨胀水箱用于容纳系统中水因温度变化而引起的膨胀水量，恒定系统的压力和补水，在重力循环上供下回系统和机械循环下供上回系统中它还起着排气作用。膨胀水箱上的配管包括膨胀管、循环管、信号管、溢流管、排水管、补水管（空调系统），如图1-40所示。

膨胀水箱分两种，一般常用的为开式高位膨胀水箱。开式膨胀水箱构造分圆形和方形两种。在寒冷地区，膨胀水箱应安装在采暖房间；如供暖有困难时，膨胀水箱应有良好的保温措施。非寒冷地区膨胀水箱也可露天安装在屋面上。膨胀水箱安装高度应高出系统最高点，并具有一定的安全量。

开式高位膨胀水箱适用于中小型低温水供暖系统，构造简单，但有空气进入供暖系统会腐蚀管道及散热器。

闭式低位膨胀水箱为气压罐。这种方式不但能解决系统中水的膨胀问题，而且可与锅炉自动补水和系统稳压结合起来，气压罐宜安装在锅炉房内。

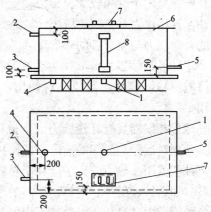

图1-40 膨胀水箱

1—膨胀管；2—溢流管；3—循环管；4—排水管；5—信号管；6—箱体；7—人孔；8—玻璃管水位计

（5）除污器。除污器（或过滤器）安装在用户入口供水总管上，以及热源（冷源）、用热（冷）设备、水泵、调节阀等入口处，用于阻留杂物和污垢，防止堵塞管道与设备。

常用除污器（或过滤器）的类型有立式直通除污器、卧式直通除污器、卧式角通除污器、ZPD自动排污过滤器和变角形过滤器。

（6）补偿器。

1）自然补偿。自然补偿是利用管路几何形状所具有的弹性吸收热变形。最常见的管道自然补偿法是将管道两端以任意角度相接，多为两管道垂直相交。自然补偿的缺点是管道变形时会产生横向位移，而且补偿的管段不能很大。

自然补偿器分为 L 形和 Z 形两种，安装时应正确确定弯管两端固定支架的位置。

2）人工补偿。人工补偿是利用管道补偿器来吸收热能产生变形的补偿方式，常用的有方形补偿器、填料补偿器、波形补偿器、球形补偿器等。

①方形补偿器。该补偿器由管子弯制或由弯头组焊而成，利用刚性较小的回折管挠性变形来补偿两端直管部分的热伸长量。其优点是制造方便、补偿能力大、轴向推力小、维修方便、运行可靠，缺点是占地面积较大。

方形补偿器按外伸垂直臂 H 和平行臂 B 的比值不同分成四类，它们的尺寸及补偿能力可查有关设计手册。

②填料式补偿器。该补偿器又称套管式补偿器，主要由三部分组成：带底脚的套筒、插管和填料函。在内、外管间隙之间用填料密封，内插管可以随温度变化自由活动，从而起到补偿作用。其材质有铸铁和钢质两种，铸铁的适用于压力在 1.3MPa 以下的管道，钢质的适用于压力不超过 1.6MPa 的热力管道上，其形式有单向和双向两种。

填料式补偿器安装方便，占地面积小，流体阻力较小，补偿能力较大。缺点时轴向推力大，易漏水漏气，需经常检修和更换填料。如管道变形有横向位移时，易造成填料圈卡住。这种补偿器主要用在安装方形补偿器时空间不够的场合。

③波形补偿器。它是靠波形管壁的弹性变形来吸收膨胀或冷缩，按波数的不同分为一波、二波、三波和四波，按内部结构的不同分为带套筒与不带套筒两种。在热力管道上，波形补偿器只用于管径较大、压力较低的场合。它的优点是结构紧凑，只发生轴向变形，与方形补偿器相比占据空间位置小。缺点是制造比较困难、耐压低、补偿能力小、轴向推力大。它的补偿能力与波形管的外形尺寸、壁厚、管径大小有关。

④球形补偿器。球形补偿器主要依靠球体的角位移来吸收或补偿管道一个或多个方向上的横向位移，该补偿器应成对使用，单台使用没有补偿能力，但它可作为管道万向接头使用。

球形补偿器具有补偿能力大，流体阻力和变形应力小，且对固定支座的作用力小等特点。特别对远距离热能的输送，即使长时间运行出现渗漏时，也可不需停气减压便可维护。球形补偿器用于热力管道中，补偿热膨胀，其补偿能力为一般补偿器的 5～10 倍；用于冶金设备（如高炉、转炉、电炉、加热炉等）的汽化冷却系统中，可作万向接头用；用于建筑物的各种管道中，可防止因地基不均匀沉降或振动等意外原因对管道产生的破坏。

（7）分水器、集水器、分汽缸。当需从总管接出两个以上分支环路时，考虑各环路之间的压力平衡和流量分配及调节，宜用分汽缸、分水器和集水器。分汽缸用于供汽管路上，分水器用于供水管路上，集水器用于回水管路上。分汽缸、分水器、集水器一般应安装压力表和温度计，并应保温。分汽缸上应安装安全阀，其下应设置疏水装置。分汽缸、分水器、集水器按工程具体情况选用墙上或落地安装；一般直径较大时宜采用落地安装；当封头采用法兰堵板时，其位置应根据实际情况设于便于维修的一侧。

（8）喷射器。

1）水喷射器。热网供水管的高温水进入水喷射器，在喷嘴处形成很高的流速，动压升高，静压降低到低于回水管的压力，回水管的低温水被抽引进入喷射器，并与供水混合，使进入用户系统的供水温度低于热网供水温度。水喷射器无活动部件，构造简单，运行可靠，管路系统的水力稳定性好。但由于抽引回水需要消耗能量，热网供、回水之间需要足够的资用压差，才能保证水喷射器正常工作。通常只用在单幢建筑物的供暖系统上。

2）蒸汽喷射器。蒸汽在喷射器的喷嘴处产生低于用户系统回水的压力，回水被抽引进入喷射器并被加热，通过蒸汽喷射器的扩压管段，压力回升，使热水用户系统的热水不断循环。采用蒸汽喷射器的热水供热系统可以替代表面式汽—水换热器和循环水泵，起着将水加热和循环流动的双重作用。

（9）分户热计量分室温度控制系统装置。

1）锁闭阀。分两通式锁闭阀及三通式锁闭阀。具有调节锁闭两种功能，内置专用弹子锁，根据使用要求，可为单开锁或互开锁。锁闭阀既可在供热计量系统中作为强制收费的管理手段，又可在常规采暖系统中利用其调节功能。当系统调试完毕即锁闭阀门，避免用户随意调节，维持系统正常运行。

2）散热器温控阀。散热器温控阀是一种自动控制散热器热量的设备。它由两部分组成，一部分阀体部分，另一部分为感温元件控制部分。当室内温度高于给定的温度值时，感温元件受热，其顶杆就压缩阀杆，将阀口关小，进入散热器的水流量减小，散热器散热量减小。室温下降，动作相反，从而保证室温处在设定的温度值上。温控阀温控范围在 13～28℃ 之间，控温误差为 ±1℃。由于散热器温控阀具有恒定室温的功能，因此主要用在需要分室温度控制的系统中。

3）热计量装置。

①热量表。又称热表，主要由流量计、温度传感器和积算仪构成。流量计用于测量流经用户的热水流量。温度传感器用于测量供、回水温度，采用铂电阻或热敏电阻等制成。积算仪根据流量计与温度传感器测得的流量和温度信号计算温度、流量、热量及其他参数，可显示、记录和输出所需数据。热量表宜安装在供水管上，此时流经热表的水温较高，流量计量准确。如果热量表本身不带过滤器，表前要安装过滤器。

②热量分配表。热量分配表不是直接测量用户的实际用热量，而是测量每个用户的用热比例。热量分配表有蒸发式和电子式两种。

（10）阀门。阀门按功能可分为关断阀、止回阀、调节阀、安全阀、减压阀以及平衡阀。

1）关断阀。起开闭作用。常设于冷热源进出口、设备进出口、管路分支线（包括立管）上，也可用作放水阀和放气阀。常见的关断阀有闸阀、截止阀、球阀和蝶阀等。

2）调节阀。用于调节和控制介质流量、压力和温度的阀门。

调节阀分为自力调节阀和非自力调节阀。自力调节阀依据对被调参数变化的反应，自行调整阀门开启度。非自力调节阀工作时需要外部动力（手动、气动、电动、液动等）的支持。根据被调参数又可分为温度调节阀、压力调节阀和流量调节阀。

3）平衡阀。平衡阀是用于规模较大的供暖或空调水系统的水力平衡。平衡阀安装位置在建筑供暖和空调系统入口，干管分支环路或立管上。平衡阀的类型有静态平衡阀（数字锁定平衡阀）和动态平衡阀（自力式压差控制阀、自力式流量控制阀两种）。

（11）支座。根据对管道位移的限制情况，可分为活动支座和固定支座。

1）固定支座。不允许管道和支承结构有相对位移的管道支座。主要用于将管道划分成若干补偿管段，分别进行热补偿，从而保证补偿器的正常工作。

2）活动支座。允许管道和支承结构有相对位移的管道支座。常用的活动支座有滑动支座和流动支座。

6. 采暖入口装置

室内采暖系统与室外供热管网连接处的阀门、仪表和调压装置等统称为采暖系统入口装置，其作用是用来接通（或切断）热媒，以及减压、观测热媒的参数。通常入口装置可设置在地下室或地沟内。

热水采暖系统入口装置如图 1-41 所示，主要由调压装置、关断阀、除污器、压力表、温度计等组成。当热源参数比较稳定时，调压装置宜选用调压板调整各建筑物入口处供水（或回水）干管上的压力。调压板材质，蒸汽应用不锈钢，热水可用铝合金或不锈钢。当供热系统不大时，也可采用截止阀来调节，其特点是节约投资、不易堵塞，又便于检修。当供热系统较大时，尤其是改扩建管网，宜用专门调节用的平衡阀，解决水平失调效果良好；平衡阀宜安装在回水管路上，并尽可能安装在直管段上。

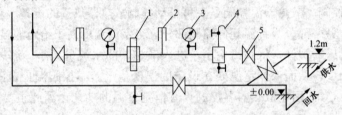

图 1-41　热力采暖系统设调压板的入口装置
1—调压板；2—温度计；3—压力表；4—除污器；5—阀门

1.2　电气专业安装工程常用的材料及设备

电气工程的实体是由电气设备、电气材料构成的，约占工程造价的 3/4。了解常用电气设备、电气材料及安装工具的性能、规格、用途等专业基础知识，对于正确编制电气安装工程预算具有十分重要的意义。

简单地将设备与材料进行划分，前者为具有功能、容量、能量传递性能并能独立完成特定生产工艺的单体，后者为不起单元生产作用的设备本体之外的零配件。

1.2.1　电线与电缆

电气材料主要分为导电材料、绝缘材料、安装材料、磁性材料和半导体材料五大类，电气设备安装工程常用前三类材料。

1. 常用导电材料

导电材料通常指金属材料，主要用于输送和传导电流。一般分为以铜、铝为代表的普通材料和其他金属特殊材料，其性能指标见表 1-4。

表 1-4　　　　　　　　　　部分导电材料性能指标

名称	电阻率 /($\times 10^{-8}$ Ω·m)	抗拉强度 /(N/mm²)	热导率 /[W/(m·K)]	密度 /($\times 10^{-3}$ kg/m³)	线膨胀系数 /(10^{-6}/℃)	熔点 /℃
银(Ag)	1.59	160～180	418.7	10.05	18.90	961.9
铜(Cu)	1.69	200～220	396.4	8.92	16.6	1083.4
金(Au)	2.40	134～140	296.4	19.30	14.2	1064.4

续表

名称	电阻率 /(×10⁻⁸ Ω·m)	抗拉强度 /(N/mm²)	热导率 /[W/(m·K)]	密度 /(×10⁻³kg/m³)	线膨胀系数 /(10⁻⁶/℃)	熔点 /℃
铝(Al)	4.77	70～80	222	2.7	23.1	660.4
钨(W)	5.48	1000～1200	159.9	19.30	29.1	3410
镍(Ni)	6.99	400～500	87.9	8.9	13.5	1455
铁(Fe)	9.78	250～330	61.7	7.86	117	1535
铂(Pt)	10.5	140～160	71.2	21.45	8.9	1772
锡(Sn)	11.4	1.5～2.7	64.5	7.28	20	231.9
铅(Pb)	21.9	10～30	35	11.37	29.1	327.5

从表 1-4 中可以看出,导电性能最好的材料是银,其次为铜,第三为金,第四为铝。但金、银材料由于价格昂贵,作为导电材料只能应用在有特殊要求的地方,如银触头;铜、铝材料价格相对便宜,同时导电性能优异,因而得到了广泛的使用,主要用于制作导线和母线。工程上也常利用铅锡合金制成熔体,利用锡熔点低性能,用于焊接材料;利用康铜、锰铜铅的高电阻性能制造电阻器、电阻元件等。

对导电材料的基本要求是电阻低、熔点高、机械性能好、相对密度小、电阻温度系数小。

(1)电线(导线)。将用来输送、分配电能的金属线定义为导线,它是电气工程中的主要材料。常用的电线可以分为绝缘导线和裸导线两种。对电线的金属线芯的要求是导电率高、机械强度大、耐腐蚀、质地均匀、表面光滑、无氧化裂纹、加工性好、质量轻、资源相对丰富、价格相对便宜等。对电线的绝缘包皮的要求是绝缘电阻值高、质地柔软性好且有一定的机械强度,耐磨,能抵抗油、臭氧等介质的侵蚀。各种电线、电缆的型号、名称和主要用途见表 1-5。

表 1-5　　　　　　　　　各种电线、电缆的型号、名称和主要用途

类别	型号	名　称	额定电压 /kV	主要用途	截面范围 /mm²	备　注
裸导线	LJ	铝绞线		用于一般架空线路	10～600	
	LGJ	钢芯铝绞线		用于高压线路的挡距较长、杆位高差较大场所	10～400	
	LGJJ	加强型钢芯铝绞线			150～400	
橡皮绝缘导线	BLX (BX)	铝(铜)芯橡皮绝缘线	交流 0.5kV 及以下 直流 1kV 及以下	固定敷设	2.5～500	2、3、4 芯的只有 2.5～95mm²
	BTXF (BXF)	铝(铜)芯氯丁橡皮绝缘线	交流 0.5kV 及以下 直流 1kV 及以下	固定敷设,尤其适用于户外	2.5～95	
	BXR	铜芯橡皮软线	交流 0.5kV 及以下 直流 1kV 及以下	室内安装要求较柔软时采用	0.75～400	

类别	型号	名　　称	额定电压/kV	主要用途	截面范围/mm²	备　注
塑料绝缘导线	BLV(BV)	铝(铜)芯聚氯乙烯绝缘线	交流0.5kV及以下直流1kV及以下	固定明、暗敷设	0.75～185	共有1芯和2芯两种，其中2芯只有1.5～10mm²
	BLVV(BVV)	铝(铜)芯聚氯乙烯绝缘聚氯乙烯护套电线	交流0.5kV及以下直流1kV及以下	固定明、暗敷设、还可以直埋敷设	0.75～10	共有1、2、3芯三种
	BVR	铜芯聚氯乙烯软线	交流0.5kV及以下直流1kV及以下	同BV型,安装要求柔软时采用	0.75～50	
	BLV(BV)-105	铝(铜)芯耐热105℃聚氯乙烯绝缘电线	交流0.5kV及以下直流1kV及以下	同BLV(BV)型,用于高温场所	0.75～185	只有单芯一种
	RV	铜芯聚氯乙烯绝缘软线	交流0.25	供各种移动电器接线	0.012～6	只有单芯一种
	RVB	铜芯聚氯乙烯平型软线	交流0.25	供各种移动电器接线	0.12～2.5	只有单芯一种
	RVS	铜芯聚氯乙烯纹型软线	交流0.25	供各种移动电器接线	0.12～2.5	只有双芯一种
	RVV	铜芯聚氯乙烯绝缘聚氯乙烯护套软线	交流0.5	供各种移动电器接线	0.12～6 0.1～2.5 0.1～125	(2、3、4芯)(5、6、7芯)(10、12、14、16、19、24芯)
	RV-105	铜芯聚氯乙烯耐热150℃软线	交流0.25	供各种移动电器接线用于高温场所	0.012～6	只有单芯一种
塑料绝缘塑料护套电力电缆	VLV(VV)	铝(铜)聚氯乙烯绝缘聚氯乙烯护套电力电缆	6	敷设在室内、隧道内及管道中,不能承受机械外力作用	2.5～150	
	VLV29(VV29)	同VLY(VV)型,内钢带铠装	6	敷设在地下,可承受机械外力,不能承受大的拉力	4～150	
	VLV30(VV30)	同VLV(VV)型,裸细钢丝铠装	6	敷设在室内、矿井中,能承受机械外力及相当的拉力	16～300	
	VLV39(VV39)	同VLV(VV)型,内细钢丝铠装	6	敷设在水中,能承受相当的拉力	16～300	
	VLV50(VV50)	同VLV(VV)型,裸粗钢丝铠装	6	敷设在室内、矿井中,能承受机械外力及相当的拉力	16～300	
	VLV59(VV59)	同VLV(VV)型,内粗钢丝铠装	6	敷设在水中,能承受相当的拉力	16～300	

类别	型号	名　称	额定电压 /kV	主要用途	截面范围 /mm²	备　注
通用橡套软电线	YZ (YZW)	中型橡套电缆	0.5	连接轻型移动电气设备,还具有耐气候和一定的耐油性能	0.5~6	有 2、3 芯和 3+1 芯共三种
	YC	重型橡套电缆	0.5	连接轻型移动电气设备,能承受较大的机械外力作用	2.5~120	有 2、3 芯和 3+1 芯共三种
	YCW	重型橡套电缆	0.5	同 YC 型,还具有耐气候和一定的耐油性能	2.5~120	有 2、3 芯和 3+1 芯共三种
	YQ	轻型橡套电缆	0.25	连接轻型移动电气设备	0.3~0.75	有 2、3 芯两种
	YQW	轻型橡套电缆	0.25	连接轻型移动电气设备,还具有耐气候和一定的耐油性能	0.3~0.75	有 2、3 芯两种
控制电缆	KLVV (KVV)	铝(铜)芯聚氯乙烯绝缘聚氯乙烯护套控制电缆	交流 0.5,直流 1 及以下	敷设在室内、外及地下电缆沟中管道	0.75~6	其中:0.75~2.5mm² 的有 4、5、7、10、14、19、24、30、37 芯的; 而 4mm² 的有 4、5、7、10、14 芯的; 6mm² 的只有 4、5、7、10 芯的
	KLVV29 (KVV29)	同 KLVV(KVV) 型,裸钢带铠装		同 KLVV(KVV) 型,能承受较大机械外力作用	0.75~6	
	KLXV (KXV)	铝(铜)芯,橡皮绝缘聚氯乙烯护套控制电缆		同 KLVV(KVV) 型	0.75~6	
农用地下直埋绝缘线	NLV	农用地埋铝芯聚氯乙烯绝缘电线	交流 0.5,直流 1 及以下		2.5~50	
	NLVV, NLVV-1	农用地埋铝芯聚氯乙烯绝缘聚氯乙烯护套电线				
	NLYV, NLYV-1	农用地埋铝芯聚乙烯绝缘聚氯乙烯护套电线				

1) 绝缘导线。绝缘导线是将裸导线外包上绝缘层的导线。在结构上有单芯、双芯、三芯、多芯之分。绝缘导线按绝缘材料的不同,主要有橡皮绝缘线、聚氯乙烯绝缘线(塑料线)、丁腈聚氯乙烯复合绝缘线;按线芯材质不同,主要有铜线、铝线;按线芯性能不同,主要有硬线、软线等。

①橡皮绝缘导线。它是在裸导线外包一层橡皮,再包一层编织层,然后再以石蜡混合防潮剂浸渍而成,主要用于室内敷设。常用的有棉纱纺织橡皮线、氯丁橡皮线等。

②聚氯乙烯绝缘导线。它是用聚氯乙烯绝缘层做的电线，简称塑料线，常用于交流500V、直流1000V以下电力线路的固定明、暗敷设。常用的有聚氯乙烯线、聚氯乙烯护套线、聚氯乙烯软线等。

③丁腈聚氯乙烯复合绝缘软线。复合物绞形软线（型号为RFS）和复合平行软线（型号为RFB）两类。也归类为塑料绝缘导线。

2）裸导线。裸导线是指没有外绝缘保护的导线，多用铝、铜、钢制成。按其构造形式分为裸单线（圆线）、裸绞线、软接线和型线等。裸单线和裸绞线主要用于室外架空线路，如常用的铝绞线、铜绞线、钢芯铝绞线、铝合金绞线等。型线只能用于变配电室内开关柜汇流排和发电机引线，故称为母线。

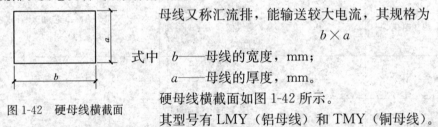

母线又称汇流排，能输送较大电流，其规格为

$$b \times a$$

式中　b——母线的宽度，mm；

　　　a——母线的厚度，mm。

硬母线横截面如图1-42所示。

图1-42　硬母线横截面

其型号有LMY（铝母线）和TMY（铜母线）。

（2）电缆线。将一根或数根绞合而成的线芯裹以相应的绝缘层，外面包上密封的保护层，这样的导线称为电缆线。

电缆线的种类很多，按导电材料分为铜芯和铝芯两种；按绝缘材料分纸绝缘电缆、塑料绝缘电缆和橡胶绝缘电缆；按用途分为电力电缆（高压电缆和低压电缆）、控制电缆、通信电缆、移动式软电缆和射频电缆等。

由于电缆绝缘性能好和有铠装保护，能承受机械外力作用和一定的拉力，从而能在各种环境条件下进行敷设，作输配电线路和控制、信号线路之用。

我国电缆产品型号标注采用汉语拼音字母组成，见表1-6。电缆外护层的代号见表1-7。电缆外护层新旧代号对照表见表1-8。

表1-6　　　　　　　　　常见电缆型号字母含义及排列次序

类　别	绝缘种类	线芯材料	内护层	其他特性	外护层
电力电缆不表示 K—控制电缆 Y—移动软电缆 P—信号电缆 H—市内电话电缆 U—矿用电缆 YT—电梯电缆 DC—电气化车辆用电缆	Z—纸绝缘 X—橡皮 VV—聚氯乙烯 YJ—交联聚乙烯 E—乙丙胶 XD—丁基橡胶	L—铝 T—铜 可省略	Q—铅护套 L—铝护套 HF—氯丁胶套 V—聚氯乙烯护套 Y—聚乙烯护套 H—橡胶护套 VF—复合物套 HP—非燃性护套	D—不滴流 F—分相铅包 P—屏蔽 C—重型式或滤尘用 CY—充油 G—高压	2个阿拉伯数字（见表4.4）

表1-7　　　　　　　　　电缆外护层代号的含义

第一个数字		第二个数字	
代　号	铠装层类型	代　号	外护层类型
0	无	0	无
1	钢带	1	纤维统包

第一个数字		第二个数字	
代　号	铠装层类型	代　号	外护层类型
2	双钢带	2	聚氯乙烯护套
3	细圆钢丝	3	聚乙烯护套
4	粗圆钢丝	4	

表 1-8　　　　　　　　　　　　电缆外护层新旧代号对照表

新代号	旧代号	新代号	旧代号
02、03	1、11	(31)	3、13
20	20、120	32、33	23、39
(21)	2、12	(40)	50、150
22、23	22、29	41	5、25
30	30、130	(42、43)	49、15

注意：电缆型号只是电缆名称的代号，并不反映其规格与尺寸。如 ZLQD20 表示铝芯不滴流纸绝缘铅包双钢带铠装电力电缆；KVV23 表示铜芯聚氯乙烯绝缘、聚氯乙烯护套双钢带铠装控制电缆。

1）电力电缆。电力电缆用来输送和分配大功率电能，由导电线芯、绝缘层和保护层三个部分组成。按其所采用的绝缘材料不同分为油浸纸铅包电力电缆、聚氯乙烯绝缘聚氯乙烯护套电力电缆、橡皮绝缘电力电缆、交联聚乙烯电缆等。一般优先选择塑料绝缘电缆，直埋须选铠装电缆。

①油浸纸绝缘铅包电缆。这是目前在工程上使用较多的电力电缆，具有耐压强度高（可承受最大工作电压为 66kV）、耐热能力好、使用年限长（可达 40 年以上）等优点。

但是，这种电缆也存在一定的缺陷，如：电缆的弯曲半径不能很小，且敷设时周围环境温度不能低于 0℃；工作时电缆中的浸渍剂会产生流动。因此，敷设时应考虑电缆两端的高差并有一定的限制，否则会引起电缆端部受潮，以致引起击穿事故。

常用油浸纸绝缘铅包电缆的型号、名称和用途，见表 1-9。

表 1-9　　　　　　　　　　常用油浸纸绝缘铅包电缆的型号、名称和用途

型号		名　称	用　途
铜芯	铝芯		
ZQ ZQD	ZLQ ZLQD	纸绝缘裸铅包电力电缆	敷设在室内、沟道中、管内，无机械损伤，无腐蚀
ZQ21 ZQD21	ZLQ21 ZLQD21	纸绝缘铅包带铠装一级外保护层电力电缆	敷设在土壤中，能承受机械损伤，不能承受大的拉力
ZQ22 ZQD22	ZLQ22 ZLQD22	纸绝缘铅包带钢带铠装二级外保护层电力电缆	敷设在室内、沟道及土壤中，有较强防腐性能
ZQ31 ZQD31	ZLQ31 ZLQD31	纸绝缘铅包细钢丝铠装一级外保护层电力电缆	敷设在土壤中，能承受机械损伤，能承受相当大的拉力
ZQ43 ZQD43	ZLQ43 ZLQD43	纸绝缘铅包粗钢丝铠装一级外保护层电力电缆	敷设在水中、土壤中，能承受较大的压力和拉力

②聚氯乙烯绝缘聚氯乙烯护套电力电缆。此类电缆没有敷设高低差的限制，且制造工艺简单，敷设、连接及维护都较方便，防腐蚀能力较好，适用于交流 50Hz、额定电压 6kV 及以下固定敷设的输配电线路。特别是在 1kV 以下电力系统中，基本取代了纸绝缘电力电缆。它与交联聚乙烯电缆最大区别在于：前者为热塑材料，后者为热固性材料。

常用聚氯乙烯绝缘聚乙烯护套电力电缆的型号及主要用途见表 1-10。

表 1-10 　　　　　常用聚氯乙烯绝缘聚乙烯护套电力电缆的型号及主要用途

型号		名　称	用　途
铜芯	铝芯		
VV	VLV	聚氯乙烯绝缘，聚氯乙烯护套电力电缆	敷设在室内、隧道及管道中，不承受机械外力的作用
VV23	VLV23	聚氯乙烯绝缘，聚氯乙烯护套，内钢带铠装电力电缆	敷设在地下，能承受机械外力，但不能承受大的拉力
VV30	VLV30	聚氯乙烯绝缘，聚氯乙烯护套，裸细钢丝铠装电力电缆	敷设在室内、矿井中，能承受机械外力作用，能承受拉力
VV33	VLV33	聚氯乙烯绝缘，聚氯乙烯护套，内细钢丝铠装电力电缆	敷设在水中，能承受相当大的拉力
VV40	VLV40	聚氯乙烯绝缘，聚氯乙烯护套，裸粗钢丝铠装电力电缆	敷设在室内、矿井中，能承受机械外力作用，能承受拉力
VV42	VLV42	聚氯乙烯绝缘，聚氯乙烯护套，内粗钢丝铠装电力电缆	敷设在水中，能承受较大的拉力

③橡皮绝缘电力电缆。这类电缆适用于交流 50Hz、电压 500V 和直流 1000V 及以下固定敷设的配电线路中，常用橡皮绝缘电力电缆型号、名称及主要用途见表 1-11。

通常情况下，橡皮套软电缆适用于连接各种移动或电气设备，线路用的铜芯橡皮绝缘护套电缆的线芯长期工作允许的温度为 65℃。

此外，电力电缆中也有电力和照明用聚氯乙烯绝缘电缆（非铠装）、可控型电焊机电缆等。

表 1-11 　　　　　常用橡皮绝缘电力电缆型号、名称及主要用途

型号		名　称	用　途
铜芯	铝芯		
XV	XLV	橡皮绝缘聚氯乙烯护套电力电缆	敷设在室内、隧道及管道中，不能承受机械外力作用
XF	XLF	橡皮绝缘聚氯丁烯护套电力电缆	
XV23	XLV23	橡皮绝缘聚氯丁烯护套，内钢带铠装电力电缆	敷设在地下，能承受一定的机械外力作用，不能承受拉力

2）控制电缆。控制电缆是供交流 500V 或直流 1000V 及以下配电装置中仪表、电器控制及电路连接之用，也可供连接信号电路作为信号电缆使用，芯数为 4～48 芯。常用的控制电缆有塑料控制电缆和橡皮绝缘控制电缆两类。控制电缆的绝缘层材料及规格型号表示方法

与电力电缆相同。

还有 KXFH 系列橡皮绝缘非燃性橡皮套控制电缆。

3）通信电线、电缆。通信电线、电缆包括全聚乙烯配线电缆和局部用电缆，前者的规格有 HPVV（P-配线）、HJVV（J-局部）、HJVVP（P-屏蔽）型，后者的规格有 HBV、HPV（B-广播）型聚氯乙烯绝缘通信线。此外，还有 HQ、HYV、HYQ、PVC 型市内电话电缆等。

国产通信电缆型号一般标准格式：

电缆类别—绝缘材料—内护层—特征—外护层

4）射频电缆。射频电缆有平行双导线传输线和同轴电缆传输线两种基本类型。

①平行双导线传输线。由两根平行的导线组成，电磁能量集中在两平行导线之间传输。两导线之间可以用空气绝缘或者采用聚氯乙烯或聚乙烯等材料固定两导线之间的距离。我国生产的这种线有 SBVD 聚氯乙烯绝缘带形电视引线和 SBYD 聚乙烯绝缘带形电视引线，其特性阻抗均为 300Ω。

②同轴电缆传输线。同轴电缆由同轴的内外导体组成，内导体为实心导体，外导体一般为金属网。内外导体之间用聚乙烯高频绝缘材料或空气绝缘，最外面一层为聚氯乙烯保护层。

电视用同轴电缆为宽带同轴电缆，特性阻抗为 75Ω；通信用同轴电缆为基带同轴电缆，特性阻抗为 50Ω。二者的结构是相同的。同轴电缆的损耗较小，工作频率范围较宽，具有良好的屏蔽效果和抗干扰能力。常用的同轴电缆传输线型号、特性参数见表 1-12。

同产同轴电缆型号一般标准格式：

电缆型号标注—特性阻抗［Ω］—线芯绝缘外径（mm）—结构序号。

表 1-12　　　　　　　　　常用的同轴电缆传输线型号、特性参数

序号	馈线型号	电视电缆简称	回波损耗	特性阻抗/Ω	电容/（pF/m）	衰减量/（dB/100m）			备注
						30MHz	200MHz	800MHz	
1	SYV-75-2	聚氯乙烯护套聚乙烯同轴		75±3	76	7.8	21.1		
2	SYV-75-7	聚氯乙烯护套聚乙烯同轴		75±3	76	5.1	14.0		只适用于 RHF 频段
3	SYV-75-9	聚氯乙烯护套聚乙烯同轴		75±2	76	3.6	10.4		
4	SYV-75-5-2	聚氯乙烯护套聚乙烯藕芯同轴	>15dB	75±2.5	54.5±3	3.2	8.9	18.3	
5	SYLV-75-7	聚氯乙烯护套聚乙烯藕芯同轴	>15dB	75±2.5	54±3	2.8	6.7	13.9	
6	SYKV-75-5	聚氯乙烯护套聚乙烯藕芯同轴	>18dB	75±3	54±2	3.3	9.0	19.2	
7	SYKV-75-7	聚氯乙烯护套聚乙烯藕芯同轴	>18dB	75±3	60±2	2.3	6.4	14.1	

续表

序号	馈线型号	电视电缆简称	回波损耗	特性阻抗/Ω	电容/(pF/m)	衰减量/(dB/100m)			备注
						30MHz	200MHz	800MHz	
8	SYDV-75-9	聚氯乙烯护套聚乙烯藕芯同轴	>18dB	75±2.5	60	2.1	5.7	12.5	
9	SIDV-75-5	藕式聚氯乙烯护套同轴		75±3	60	4.7	12.5	28	
10	SIDV-75-7-A	藕式铝塑纵包聚氯乙烯护套同轴		75±2.5	57	2.6	7.1	15.2	
11	SYDY-76-9-5	垫片聚氯乙烯护套同轴		75±2.0	50	1.6	4.0	8.0	

5）双绞电缆。双绞电缆的电导体是铜导线，铜导线外有绝缘层包裹，铜芯的直径约为0.5mm。每两根具有绝缘层的铜导线按一定节距互相绞缠成线对，线对外面再包裹绝缘材料制成的外皮。双缆用于高速的多媒体通信及综合布线系统。

常用双绞电缆及对应的范围见表1-13。

表 1-13　　　　　　　　　　常用双绞电缆及对应的范围

电缆类型	频带宽度/MHz	应用举例
3 类双绞线	16	10Base-T，Token Ring 4Mbit/s，N-ISDN，PBX
5 类双绞线	100	B-ISDN，Token Ring 16Mbit/s，100Base-T
6 类双绞线	250	1000Base-T
7 类双绞线	600	更高级别的数据和多媒体应用

6）光纤光缆。光纤光缆是一种通信电缆，是由直径小于0.1mm的高纯度细玻璃丝及管壁极薄的软纤维等新型传导材料制成，由塑料（PVC）外部套管覆盖。光纤光缆具有把光封闭在其中并沿轴向传播的导玻结构，一般采用红外线进行信号传输，而且传输消耗低、速率高、频带宽，可作为信息高速公路的主干，其传输特性最理想，但成本较高。光缆基本结构分为层绞式、单位式、骨架式、软线式等。通信常用光纤用途及特性见表1-14。

表 1-14　　　　　　　　　　通信常用光纤用途及特性

种类		特性	用途	尺寸和特性					
				芯径/μm	包层直径/μm	损耗/(dB/km)	传输带宽/(MHz·km)	波长/μm	数值孔径/(N·A)
石英	多模突变光纤	传输损耗大	小容量，短距高，低速数据传输	50～100	125～150	3～4	200～1000	0.85	0.17～0.26
	多模渐变光纤	损耗较小，频带较宽	中小容量，中距离，高速数据传输	50×(1±6%)	125×(1±2.4%)	0.8～3	200～1200	1.30	0.17～0.25
	单模光纤	损耗小，频带宽	大、中、小容量、长距离通信	(9～10)×(1±10%)	125×(1±2.4%)	0.4～0.7 0.2～0.5	几 GHz 至几十 Hz	1.30～1.55	6

7）消防设备电气配线。消防设备电气配线采用耐火耐热配线措施。普通电线电缆穿金属管或是即燃型硬塑料管应埋设非燃烧体结构内，保护层厚度不小于 30mm。消防配线明敷时，穿金属管应消防火涂料，或直接采用经阻燃处理的阻燃电缆、隔氧层阻燃电缆、耐火电缆、防火电缆等。

消防弱电线路配线方式的性能定义见表 1-15。防火型电缆型号和名称见表 1-16。

表 1-15   消防弱电线路配线方式的性能定义

配线方式		性能定义
消防弱电线路	阻燃配线 ZR-RV	绝缘及护套或套管为难燃材料，一旦脱离火源后能自熄或将延燃阻止在一定范围内的配线方式
	耐热配线 BLV105，RV105	由于火的作用，火灾温升曲线达到 380℃，使线路在 15min 内仍可靠的配线方式
	耐火配线	由于火的作用，火灾温升曲线达到 840℃时，使线路在 30min 内仍可靠的配线方式

表 1-16   防火型电缆型号和名称

电缆类型	型号	名　　　称	主要用途
阻燃电缆	ZR—VV ZR—YJV ZR—KVV ZR—KVV22	铜芯聚氯乙烯绝缘聚氯乙烯护套阻燃电力电缆 铜芯交联聚乙烯绝缘聚氯乙烯护套阻燃电力电缆 铜芯聚氯乙烯绝缘聚氯乙烯护套阻燃控制电缆 铜芯聚氯乙烯绝缘聚氯乙烯护套钢带铠装阻燃电缆	重要建筑物等
无卤阻燃电缆	WL—YJF23 WL—YJEQ23	核电站用交联聚乙烯绝缘钢带铠装热缩性聚乙烯护套无卤电缆 0.6/1，6/10，6.6/10kV（符合 IEC332—3B）类 交联聚乙烯绝缘无卤阻燃电缆 0.6/1kV（符合 IEC332—3C 类）	防火场地、高层建筑、地铁、隧道等
隔氧层电缆（电力电缆）	NI+VV NI+BV	铜芯聚氯乙烯绝缘聚氯乙烯护套耐火电力电缆 铜芯聚氯乙烯绝缘耐火电缆（电线）	高层建筑、地铁、电站等
防火电缆 500/750V	BTTQ BTTVQ BTTZ BTTVZ	轻型铜芯铜套氧化镁绝缘防火电缆 轻型铜芯铜套聚氯乙烯外套氧化镁绝缘防火电缆 重型铜芯铜套氧化镁绝缘防火电缆 重型铜芯铜套聚氯乙烯外套氧化镁绝缘防火电缆	耐高温、防爆，适用于历史性建筑等

2. 绝缘材料

绝缘材料是导电能力很差的电工材料，也被称为电介质，其主要作用是隔离电导体或不同电位的同一导体，用于保证操作和使用人员的安全。在某些情况下也常用绝缘材料起固定、保护、支撑导体的作用。绝缘材料能对电器起冷却散热作用，也起到防止电弧的作用等。

（1）绝缘材料的分类。

绝缘材料按照化学性能可分为有机绝缘材料和无机绝缘材料。前者有树脂、橡胶、塑料、棉麻纸、石油等，多用于制造绝缘漆、绕组导线的绝缘物；后者有云母、石棉、瓷器、玻璃等，多用于电机与电器的绝缘、开关底板、绝缘子等。按形体状态又可分为固体、液体和气体绝缘材料，如电瓷、绝缘油、惰性气体等。工程中常用有机绝缘材料中的橡胶、塑料为导线绝缘层，也会利用无机绝缘材料的电瓷制成灯座、插座、绝缘子等。

（2）绝缘材料的性能。

绝缘材料的共性是耐热性能、机械性能、使用寿命均低于金属材料，故绝缘材料是电专业产品上最薄弱的地方，也是最容易发生故障的地方。因此，在工程上对于绝缘材料的基本要求是绝缘性能好，质地柔韧，耐腐蚀，有一定的机械强度。

绝缘材料的性能见表 1-17。

表 1-17　　　　　　　　　　　　　绝缘材料的性能

材料名称	绝缘强度有效值 /(kV/cm)	20℃时电阻率 /(Ω·cm)	抗拉强度 /(kg/cm²)	允许工作温度 /℃
空气	33（峰值）	$>10^{18}$		
变压器油	120～160	10^{14}～10^{15}		105
电缆油	>180	10^{13}～10^{14}		105
电容器油	>120			105
沥青	100～200	10^{15}～10^{16}		105
松香	100～150	10^{14}～10^{15}		
橡皮	200～300	10^{15}		60
青壳纸	20～60	10^{18}	500～800	150
黄漆布	240～280	10^{11}	200～300	105
黑漆布	250～350	10^{12}	200～300	105
电木	100～200	10^{13}～10^{14}	300～500	102
胶纸板	200～230	10^{9}～10^{10}	500～700	105
有机玻璃	200～300	10^{13}	500～600	60
环氧树脂	250～300	10^{15}～10^{16}	600～800	120～130
聚氯乙烯	300～400	10^{14}	400，600	60
普通玻璃	50～300	10^{8}～10^{17}	140	<700
陶瓷	18	10^{14}～10^{15}	250，300	<1000
云母	150～500	10^{13}～10^{15}	1700～3000	300 以上

能使绝缘材料被破坏的最大电场强度被定义为绝缘强度，也称为介质强度，它反映绝缘材料在施加电压时保护绝缘性能的极限能力。材料绝缘强度越大，在使用中就越安全。但任一种绝缘材料都有一个耐压极限值，当超过这一极限值后，电流剧增将使材料丧失绝缘能力，这种现象称为绝缘破坏，也称为绝缘击穿。这个极限值被定义为耐压强度，也称为击穿强度或抗电强度，单位是 kV/mm。

1.2.2　电气设备（常用控制设备与低压电器）

1. 变配电工程

变配电工程指为建筑物供应电能、变换电压和分配电能的电气工程。由于变配电工程的中间枢纽（核心）是变配电所，所以变配电工程也称变配电所工程。

变电所工程是包括高压配电室、低压配电室、控制室、变压器室、电容器室五部分的电气设备安装工程，配电所与变电所的区别就是配电所内部没有装设电力变压器。高压配电室的作用是接受电力，变压器室的作用是把高压电转换成低压电，低压配电室的作用是分配电力，电容器室的作用是提高功率因数，控制室的作用是预告信号。这五部分作用不同，需要安装在不同的房间，互相隔开，而其中低压配电室则要求尽量靠近变压器室，因为从变压器低压端子出来到低压母线这一段导线上电流很大，如果距离较远，电能损失增大。露天变电所也要求将低压配电室靠近变压器。

变配电工程安装的电气设备包括变压器、各种高压电器和低压电器。高压电器包括高压开关柜、高压断路器、隔离开关、负荷开关、高压熔断器、高压避雷器等；低压电器包括低压配电屏、继电器屏、直流屏、控制屏、硅整流柜等；此外，还有电容器补偿装置、室内电缆、接地母线、盘上高低压母线、室内照明等。

2. 变电所的类别

按其在供配电系统中的地位和作用以及装设位置可分为总降压变电所、车间变电所、独立变电所、杆上变电所、建筑物及高层建筑物变电所。

（1）总降压变电所。对于大中型企业，由于负荷较大，往往采用 35kV（或以上）电源进线，一般降压至 10kV 或 6kV，再向各车间变电所和高压用电设备配电，这种降压变电所称为总降压变电所。

（2）车间变电所。变压器室位于车间内的单独房间内或是利用车间的一面或两面墙壁进行安装的变电所。

（3）独立变电所。独立变电所是相对于车间附设变电所而言，是指整个变电所设在与车间建筑物有一定距离的单独区域内，通常是户内式变电所，向周围几个车间或向全厂供电。

（4）杆上变电所。变电器安装在室外电杆上或在专门的变压器台墩上，一般用于负荷分散的小城市居民区和工厂生活区以及小型工厂和矿山等。变压器容量较小，一般在315kV·A及以下。

（5）建筑物及高层建筑物变电所。这是民用建筑中经常采用的变电所形式，变压器一律采用干式变压器，高压开关一般采用真空断路器，也可采用六氟化硫断路器，但通风条件要好，从防火安全角度考虑，一般不采用少油断路器。

3. 低压变配电设备

低压电气设备是指在 1000V 及以下的设备，这些设备在供配电系统中一般安装在低压开关柜内或配电箱内。

（1）低压熔断器。低压熔断器用于低压系统中设备及线路的过载和短路保护，分类和用途见表 1-18。

表 1-18　　　　　　　　　　　低压熔断器的分类及用途

主要类型	主要型号	用　　途
无填料封闭管式	RM10、RM7（无限流特性）	用于低压电网、配电设备中，作短路保护和防止连续过载之用
有填料封闭管式	RL 系列，如 RL6、RL7、RL96（有限流特性）	用于 500V 以下导线和电缆及电动机控制线路。RLS2 为快速式
	RL 系列，如 RT0、RT11、RT14 等（有限流特性）	用于要求较高的导线和电缆及电气设备的过载和短路保护
	RS0、RS3 系列快速熔断器（有较强的限流特性）	RS0 适用于 750V、480V 以下线路晶闸管元件及成套装置短路保护。RS3 适用于 1000V、700A 以下线路晶闸管及成套装置的短路保护
自复式	RZ1 型	与断路器配合使用

注　R—熔断器，M—封闭管式，L—有填料式，S—快速式，Z—自复式。

1）RL1B 系列熔断器。RL1B 系列熔断器是一种实用新型的具有断相保护的填料封闭管式熔断器，其主要结构由载熔件（瓷帽）、熔断体（芯子）、底座及微动开关组成。

2）RT0 型有填料封闭管式熔断器。这种熔断器主要由瓷熔管、熔体（栅状）和底座三部分组成。具有较强的灭弧能力，因而有限流作用（在 i_{sh} 到来前就熔断）。熔体还具有"锡桥"，利用"冶金效应"可使熔体在较小的短路电流和过负荷时熔断。

3）NT 系列熔断器。NT 系列熔断器（国内型号为 RT16 系列）现广泛应用于低压开关柜中，适用于 660V 及以下电力网络及配电装置，过载时起保护作用。该系列熔断器由熔管、熔体和底座组成，外形结构与 RT0 有些相似，熔管为高强度陶瓷管，内装优质石英砂，熔体采用优质材料制成。主要特点为体积小、重量轻、功耗小、分断能力高。

（2）低压断路器。低压断路器能带负荷通断电路，又能在短路、过负荷、欠压或失压的情况下自动跳闸的一种开关设备。它由触头、灭弧装置、转动机构和脱扣器等部分组成。

按灭弧介质分有空气断路器和真空断路器，按用途分配电、电动机保护、照明、漏电保护等几类，按结构形式分万能式（框架结构）和塑壳式（装置式）两大类，按安装形式分固定式和抽屉式两种，按保护性能分非选择型和选择型两种。

1）塑壳式低压断路器。目前常用的塑壳式断路器主要有 DZ20、DZ15、DZX10 系列及引进国外技术生产的 H 系列、S060 系列、3VE 系列、TO 和 TG 系列。

2）万能式低压断路器。万能式低压断路器又称框架式自动开关。它是敞开装设在金属框架上的，其保护和操作方案较多，装设地点很灵活，故有"万能式"或"框架式"之名。它主要用作低压配电装置的主控开关。

主要有 DW15 系列，DW18、DW40、CB11（DW48）、DW914 系列及引进国外技术生产的 ME 系列、AH 系列、AE 系列。其中 DW40、CH11 系列采用智能脱扣器，能实现微机保护。万能式断路器的内部结构主要有机械操作和脱扣系统、触头及灭弧系统、过电流保护装置等三大部分。万能式断路器操作方式有手柄操作、电动机操作、电磁操作等。

（3）低压配电屏和配电箱。低压配电屏和配电箱都是按一定的线路方案将有关一、二次设备组装而成的一种成套配电装置，在低压配电系统中作动力和照明配电之用，两者没有实质的区别。不过低压配电屏的结构尺寸较大，安装的开关电器较多，一般装设在变电所的低压配电室内，而低压配电箱的结构尺寸较小，安装的开关电器不多，通常安装在靠近低压用电设备的车间或其他建筑的进线处。

1）低压配电屏。低压配电屏也称低压配电柜，有固定式、抽屉式和组合类式三类。其中组合式配电屏采用模数化组合结构，标准化程度高，通用性强，柜体外形美观，而且安装灵活方便，但价格昂贵。由于固定式配电屏比较价廉，因此一般中小型工厂多采用固定式。我国现在广泛应用的固定式配电屏主要为 PGL1、PGL2、PGL3 型和 GGD、GGL 等型。抽屉式配电屏主要有 BFC、GCL、GCK、GCS、GHT1 等型。组合式配电屏有 GZL1、GZL2、GZL3 型及引进国外技术生产的多米诺（DOMINO）、科必可（CUBIC）等型。

2）低压配电箱。低压配电箱按用途分动力配电箱和照明配电箱。动力配电箱主要用于对动力设备配电，也可以兼向照明设备配电。照明配电箱主要用于照明配电，也可以给一些小容量的单相动力设备包括家用电器配电。

低压配电箱按安装方式分靠墙式、悬挂式和嵌入式等。

低压配电箱常用的形式有很多。动力配电箱有 XL-3、XL-10、XL-20 等型，照明配电箱有 XM4、XM7、XM10 等型。此外，还有多用途配电箱如 DYX（R）型，它兼有上述动力和照明配电箱的功能。

4. 高压变配电设备

（1）变压器。变压器有以下分类：

1）按功能分有升压变压器和降压变压器。

2）按相数分有单相和三相变压器。

3）按绕组导体的材质分有铜绕组和铝绕组变压器。

4）按冷却方式和绕组绝缘分有油浸式、千式两大类。其中，油浸式变压器又有油浸自冷式、油浸风冷式、油浸水冷式和强迫油循环冷却式等，而千式变压器又有浇注式、开启式、充气式（SF_6）等。

5）按用途分有普通变压器和特种变压器。

（2）高压断路器。高压断路器的作用是通断正常负荷电流，并在电路出现短路故障时自动切断电流，保护高压电线和高压电器设备的安全。按其采用的灭弧介质分有油断路器、六氟化硫（SF_6）断路器、真空断路器等。油断路器分为多油和少油两大类，多油断路器油量多一些，油不仅作灭弧介质，而且还作为绝缘介质；少油断路器油量较少，仅作灭弧介质。多油断路器因油量多、体积大，断流容量小，运行维护比较困难，现已很少使用。少油断路器和真空断路器目前应用较广。

1）SN10-10 型高压少油断路器。SN10-10 型少油断路器按断流容量分为Ⅰ、Ⅱ、Ⅲ型。其中Ⅰ型的断流容量为 300MV·A，Ⅱ型为 500MV·A，Ⅲ型为 750MV·A。

2）高压真空断路器。高压真空断路器是利用"真空"作为绝缘和灭弧介质，真空断路器有落地式、悬挂式、手车式三种形式。它在 35kV 配电系统及以下电压等级中处于主导地位。

3）六氟化硫断路器。六氟化硫断路器是利用 SF_6 气体作灭弧和绝缘介质的断路器。SF_6 优缺点：无色、无味、无毒且不易燃烧，在 150℃ 以下时，其化学性能相当稳定；不含碳（C）元素，对于灭弧和绝缘介质来说，具有极为优越的特性；不含氧（O）元素，不存在触头氧化问题；具有优良的电绝缘性能，在电流过零时，电弧暂时熄灭后，SF_6 能迅速恢复绝缘强度，从而使电弧很快熄灭；在电弧的高温作用下，SF_6 会分解出氟（F_2），具有较强的腐蚀性和毒性；能与触头的金属蒸汽化合为一种具有绝缘性能的白色粉末状的氟化物。

SF_6 断路器灭弧室的结构形式有压气式、自能灭式（旋弧式、热膨胀式）和混合灭弧式（以上几种灭弧方式的组合，如压气＋旋弧式等）。SF_6 断路器的操动机构主要采用弹簧、液压操动机构。SF_6 断路器适用于需频繁操作及有易燃易爆危险的场所，要求加工精度高，对其密封性能要求更严。

（3）高压隔离开关。高压隔离开关的主要功能是隔离高压电源，以保证其他设备和线路的安全检修。其结构特点是断开后有明显可见的断开间隙，而且断开间隙的绝缘是足够可靠的。高压隔离开关没有专门的灭弧装置，不允许带负荷操作。它可用来通断一定的小电流，如励磁电流不超过 2A 的空载变压器、电容电流不超过 5A 的空载线路以及电压互感器和避雷器等。

高压隔离开关按安装地点分为户内式和户外式两大类，按有无接地可分为不接地、单接地、双接地三类。

（4）高压负荷开关。高压负荷开关与隔离开关一样，具有明显可见的断开间隙。具有简单的灭弧装置，能通断一定的负荷电流和过负荷电流，但不能断开短路电流。

高压负荷开关主要有产气式、压气式、真空式和 SF_6 等结构类型，主要用于 10kV 等级电网。负荷开关有户内式和户外式两大类。

高压负荷开关适用于无油化、不检修、要求频繁操作的场所。

断路器可以切断工作电流和事故电流，负荷开关能切断工作电流，但不能切断事故电流，隔离开关只能在没电流时分合闸。送电时先合隔离开关，再合负荷开关。停电时先分负荷开关，再分隔离开关。

（5）高压熔断器。高压熔断器主要功能是对电路及其设备进行短路和过负荷保护。高压熔断器主要有户内交流高压限流熔断器（RN 系列）、户外交流高压跌落式熔断器（RW 系列）、并联电容器单台保护用高压熔断器（BRW 型）三种类型，这里主要介绍前两种类型。

1）RN 系列高压熔断器。RN 系列高压熔断器是主要用于 3～35kV 电力系统短路保护和过载保护，其中 RN1 型用于电力变压器和电力线路短路保护，RN2 型用于电压互感器的短路保护。

高压熔断器主要由熔管、触头座、动作指示器、绝缘子和底板构成。熔管一般为资质管，熔丝由单根或多根镀银的细铜丝并联绕成螺旋状，熔丝埋放在石英砂中，熔丝上焊有小锡球。

2）RW 系列高压跌落式熔断器。该熔断器主要作为配电变压器或电力线路的短路保护和过负荷保护。其结构主要由上静触头、上动触头、熔管、熔丝、下动触头、下静触头、瓷瓶和安装板等组成。

（6）互感器。互感器是电流互感器和电压互感器的合称。互感器的主要功能是：使仪表和继电器标准化，降低仪表及继电器的绝缘水平，简化仪表构造，保证工作人员的安全，避免短路电流直接流过测量仪表及继电器的线圈。

1）电流互感器。电路互感器简称 CT，是变换电流的设备。它由一次绕组、铁芯、二次绕组组成。其结构特点是：一次绕组匝数少且粗，有的型号没有一次绕组，利用穿过其铁芯的一次电路作为一次绕组（相当于 1 匝）；而二次绕组匝数很多，导体较细。电流互感器的一次绕组串接在一次电路中，二次绕组与仪表、继电器电流线圈串联，形成闭合回路，由于这些电流线圈阻抗很小，工作时电流互感器二次回路接近短路状态。

电流互感器的种类：①按一次电压分有高压和低压两大类；②按一次绕组匝数分有单匝（包括母线式、芯柱式、套管式）和多匝式（包括线圈式、绕环式、串级式）；③按用途分测量用和保护用两大类；④按绝缘介质类型分有油浸式、环氧树脂浇注式、干式、SF_6 式气体绝缘等。

电流互感器使用注意事项：①电流互感器在工作时二次绕组侧不得开路；②电流互感器二次绕组侧不得开路；③电流互感器在接线时，必须注意其端子的极性。

2）电压互感器。电压互感器简称 PT，是变换电压的设备。它由一次绕组、二次绕组、铁芯组成。一次绕组并联在线路上，一次绕组匝数较多，二次绕组的匝数较少，相当于降低变压器。二次绕组的额定电压一般为 100V。二次回路中，仪表、继电器的电压线圈与二次绕组并联，这些线圈的阻抗很大，工作时二次绕组近似于开路状态。

电压互感器的种类：①电压互感器按照绝缘介质分为油浸式、环氧树脂浇注式两大主要类型；②按使用场所分有户内式和户外式；③按相数来分有三相和单相两类。

电压互感器使用注意事项：①电压互感器在工作时，其一、二次绕组侧不得短路；②电压互感式二次绕组侧有一端必须接地；③电压互感式在接线时，必须注意其端子的极性。

（7）高压开关柜。高压开关柜按结构形式可分为固定式、移开式两类。按功能分有馈线柜、电压互感器柜、高压电容器柜（GR-1 型）、电能计量柜（PJ 系列）、高压环网柜（HXGNA 型）等。

在一般中小型工程中，普遍采用较为经济的固定式高压开关柜。我国现在大量生产和广泛应用的固定式高压开关柜主要为 GG-1A（F）型。

车式（又称移开式）开关柜的特点是高压断路器等主要电气设备装在可以拉出和推入开关柜的手车上。断路器等设备需检修时，将手车拉出，然后推入同类备用手车，即可恢复供电。手车式开关柜与固定式开关柜相比，具有检修安全、供电可靠性高等优点，但其价格较贵。

1）KYN 系列高压开关柜。KYN 系列金属铠装移开式开关柜是消化吸收国内外先进技术，根据国内特点自行设计研制的新一代开关设备。KYN-10 型开关柜由前柜、后柜、继电仪表室、泄压装置组成。这四部分均独立组装后栓接而成，开关柜被分隔成手车室、母线室、电缆室、继电仪表室。

2）XGN2-10 型开关柜。XGN2-10 型箱型固定式金属封闭开关柜是一种新型的产品，该产品采用 ZN28A-10 系列真空断路器，也可以采用少油断路器，隔离开关采用 GN30-10 型旋转式隔离开关，技术性能高，设计新颖。柜内仪表室、母线室、断路器室，电缆室分隔封闭，使之结构更加合理、安全，可靠性高，运行操作及检修维护方便。在柜与柜之间加装了母线隔离套管，避免一柜故障而波及邻柜。

第2章 水电安装工程识图

2.1 给水排水专业安装工程识图

给水排水工程包括给水工程和排水工程，它是现代化城市及工矿企业建设必要的市政设施。给水工程是指自水源取水后，经自来水厂将水净化处理，再由管道输配水系统把净水送往用户的配水龙头、生产装置和消火栓等设备。排水工程是指污水或废水由排泄工具输入室外污水窨井，再由污水管道系统排向污水处理厂，经处理后排入江河湖泊的工程。给水排水工程是由各种管道及其配件和水的处理、储存设备等组成。

建筑给水排水系统是建筑物的有机组成部分，它的完善程度是建筑标准等级的重要标志。按目前的情况看，建筑给水排水工程包括建筑内部给水排水、建筑消防给水、建筑小区给水排水、建筑水处理、特殊建筑给水排水等五个部分，如图 2-1 所示，最常见的是前三者，其中建筑内部给水排水是建筑给水排水的主体与基础。建筑内部给水排水与建筑小区给水排水的界限划分，给水一般是以建筑物的给水引入管的阀门为界，排水则是以排出建筑物的第一个排水检查井为界。

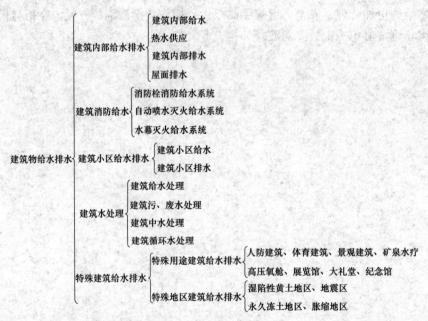

图 2-1　建筑给水排水工程

2.1.1 室内给水排水系统的施工图识读

1. 建筑内部给水系统

在一般民用建筑工程中，室内给水安装工程是主要项目之一。室内给水系统一般由进户管（引入管、水表、闸阀）、配水管（干管、立管、支管）、配水龙头（用水设备）等基本部分，以及水泵、水箱、水池等设备所组成。

　　由于给水方式的不同，通常把室内给水分为直接引水和加压供水两种方式。室内给水的首段进户管常见为单管进水，而对于要求不间断供水、用水量大的特殊用户，可实行双管进水，以增强可靠性。建筑内部给水系统一般由下列各部分组成，如图 2-2 所示。

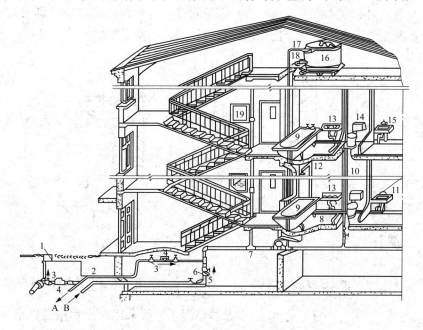

图 2-2　建筑内部给水系统

1—阀门井；2—引入管；3—闸阀；4—水表；5—水泵；6—逆止阀；7—干管；
8—支管；9—浴盆；10—立管；11—水龙头；12—淋浴器；13—洗脸盆；
14—大便器；15—洗涤盆；16—水箱；17—进水管；18—出水管；19—消水栓；
A—入贮水池；B—来自贮水池

　　1）引入管是指建筑小区给水管网与建筑内部给水管网之间的联络管段，也称进户管。

　　2）水表节点是指引入管上装设的水表及其前后设置阀门、泄水装置的总称。阀门用以关闭管网，以便修理和拆换水表；泄水装置作为检修时放空管网。

　　3）管道系统是指由建筑内部给水水平干管或垂直干管、立管、支管和用水器具等组成的总体。

　　4）给水附件是指管路上的阀门、仪表、管道配件及各式配水龙头等。

　　5）用水设备是指卫生器具、消防设备和生产用水设备等。

　　6）升压和贮水设备。当建筑小区给水管网压力不足或建筑物内部对安全供水、水压稳定有要求时，需设置各种附属设备，如水箱、水泵、气压装置、水池等增压和贮水设备。

　　建筑给水方式较多，由于建筑物的性质和规模不同，对于室内给水的水质、水压和水量等要求也不同，因而应采用的给水方式也不尽相同，常用某种单一方式或综合几种方式组合成其他方式。

　　（1）下行上给直接给水方式。当室外给水管网的水压能保证室内管网最不利点要求时，才采用这种方式（图2-3）。它是将建筑内部给水管网与外部管网连接，直接利用外网供水。该方式的特点是系统简单，造价低，维护管理容易，可充分利用外网水压，节约能源。

（2）设水池、水泵和水箱的供水方式。这种方式适用于外网水压经常不足且不允许直接抽水，允许设置高位水箱的多层或高层建筑。这种方式又分为上行下给方式（图2-4）和下行上给方式（图2-5），它们都是利用外网供水至水池，利用水泵加压，再利用水箱调节流量。其特点是供水可靠（水箱、水池贮备一定的水量，停水停电时可延时供水），且水压较稳定，但不能利用外网水压，能源耗量大，造价较高，不便于维护。

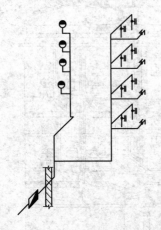

图2-3　下行上给直接给水方式

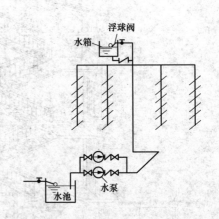

图2-4　上行下给水池水泵水箱给水方式

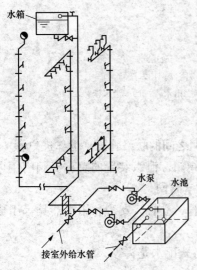

图2-5　下行上给水池水泵水箱给水方式

在某些情况下，可采用单设水箱的供水方式或单设水泵的供水方式及设水泵和水箱的供水方式。

单设水箱的供水方式是将建筑内部给水管网与外部给水管网直连，利用外网供水，利用高位水箱调节流量和压力，这样可省投资，可充分利用外网水压，以节省水能源和水泵设备。

单设水泵的供水方式是利用水泵直接从自来水管网上抽水升压，它适用于外网水压大多时间不能满足用水需要，且水泵从外网抽水不影响其邻近建筑物用水的场合。

设水泵和水箱的供水方式是利用水泵从外网直接抽水升压，利用水箱调节流量，当外网水压较高时也可直接供水。它适用于外网水压经常偏低，外网允许直接抽水，允许设置高水箱的多层建筑。

2. 建筑内部排水系统

生活、生产污水和雨（雪）水的系统均为排水工程。室内生活、生产污水视具体情况，采用分流制或合流制排水系统，属于安装工程内容；雨（雪）水的排泄一般是从屋面至室外下水道，构成独立系统，属土建工程内容。本部分主要介绍前者。室内排水系统由卫生器具（污水收集器）、排水管路（横支管、立管）、通气管、排出管（出户管）、清通装置（检查口、清扫口）及某些特殊设备组成，如图 2-6 所示。
由于室内排水管道为无压、自流状态，因此，排水管
间的布置不仅决定于卫生器具的平面位置，还应考虑
其立面标高和水平管坡度的影响，同时应坚持管道共
用、有利排污、美观隐蔽、方便维修等原则。

（1）卫生器具或生产设备受水器。

（2）排水系统。它由器具排出管（连接卫生器具
和横支管之间的一段短管，除坐式大便器外，其间包
括存水弯）、有一定坡度的横支管、立管、埋设在室
内地下的总横干管和排出到室外的排水总管等组成。

（3）通气系统。通气管系统是指与大气相通的只
用于通气而不排水的管路系统。它的作用：使水流通
畅，稳定管道内的气压，防止水封被破坏；将室内排
水管道中的臭气及有害气体排到大气中去；把新鲜空
气补入排水管换气，以消除因室内管道系统积聚有害
气体而危害养护人员、发生火灾和腐蚀管道；降低噪

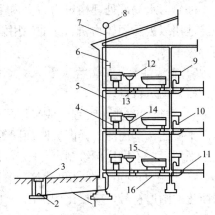

图 2-6　室内排水系统

1—排出管；2—室外排水管；3—检查井；4—
大便器；5—立管；6—检查口；7—伸顶通气
管；8—铁丝网罩；9—洗涤盆；10—存水弯；
11—清扫口；12—洗脸盆；13—地漏；14—器
具排水管；15—浴盆；16—横支管

声。通气管系统形式有普通单立管系统、双立管系统和特殊单立管系统，如图 2-7 所示。对
于层数不高，卫生器具不多的建筑物，可将排水立管上端延长并伸出屋顶，这一段管叫伸顶
通气管，这种通气方式就是普通单立管系统。对于层数较高、卫生器具较多的建筑物，因排
水立管长、排水情况复杂及排水量大，为稳定排水立管中气压，防止水封被破坏，应采用双
立管系统或特殊单立管系统。

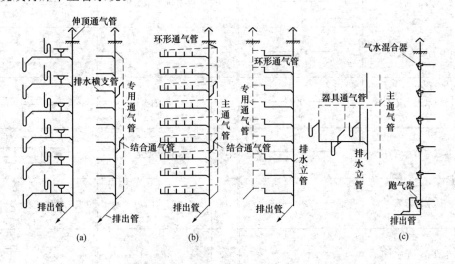

图 2-7　不同通气方式的排水系统

(a) 普通单立管排水系统；(b) 双立管排水系统；(c) 单立管排水系统

（4）清通设备。一般是指作为疏通排水管道之用的检查口、清扫口、检查井以及带有清
通门的 90°弯头或三通接头等设备。

（5）抽升设备。某些建筑的地下室、半地下室、人防工程、地下铁道等地下建筑物中的
污水不能自流排至室外，必须设置水泵和集水池等局部抽升设备，将污水抽送至建筑物外。

（6）污水局部处理构筑物。室内污（废）水不符合排放要求时，必须进行局部处理。如沉淀池用以去除固体物质、除油池用以回收油脂，中和池用以中和酸碱性废水，消毒池用以消毒灭菌等。

3. 给水排水施工图的识图

（1）图示特点。

1）建筑给水排水工程一般采用平面图、剖面图、详图、管道系统图及管道纵断面图表达。平面图、剖面图、详图纵断面图等都是用正投影绘制的；系统图是用斜轴测图绘制的；纵断面图可按不同比例绘制。

2）图中的管道、器材和设备一般采用统一图例表示。其中卫生器具的图例一般是较实物简化的图形符号，应按比例画出。建筑给水排水工程中常用图例见表 2-1。

表 2-1　　　　　　　　　　建筑给水排水工程常用图例

序号	名称	图例	序号	名称	图例
1	给水管	—— J ——	12	冲霜水回水管	—— CH ——
2	排水管	—— P ——	13	蒸汽管	—— Z ——
3	污水管	—— W ——	14	雨水管	—— Y ——
4	废水管	—— F ——	15	空调凝结水管	—— KN ——
5	消火栓给水管	—— XH ——	16	暖气管	—— N ——
6	自动喷水灭火给水管	—— ZP ——	17	坡向	 →
7	热水给水管	—— RJ ——	18	排水明沟	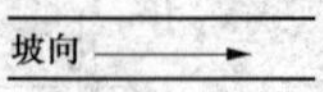 坡向 →
8	热水回水管	—— RH ——	19	排水暗沟	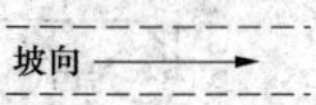 坡向 →
9	冷却循环给水管	—— XJ ——	20	清扫口	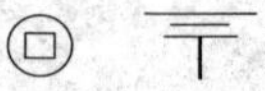 ⊡ ⊤
10	冷却循环回水管	—— Xh ——	21	雨水斗	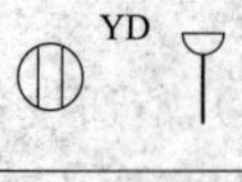 YD
11	冲霜水给水管	—— CJ ——	22	圆形地漏	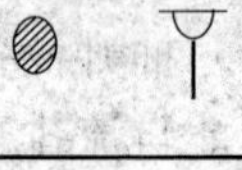 ◎ ⊤

续表

序号	名称	图例	序号	名称	图例
23	方形地漏		38	软管	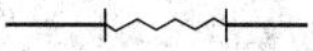
24	存水管		39	可挠曲橡胶接头	
25	透气帽		40	管道固定支架	
26	喇叭口		41	保温管	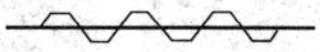
27	吸水喇叭口		42	法兰连接	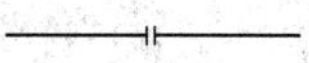
28	异径管	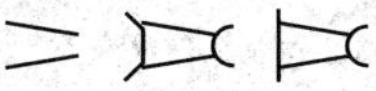	43	承插连接	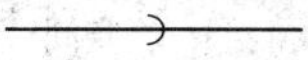
29	偏心异径管		44	管堵	
30	自动冲洗水箱	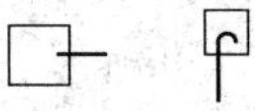	45	乙字管	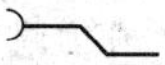
31	淋浴喷头		46	室外消火栓	
32	管道立管	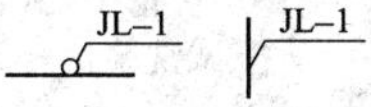 JL-1 JL-1	47	室内消火栓（单口）	
33	立管检查口		48	室内消火栓（双口）	
34	套管伸缩器	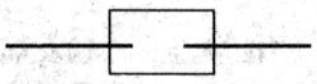	49	水泵接合器	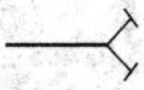
35	弧形伸缩器		50	自动喷淋头	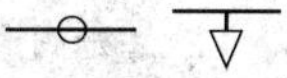
36	刚性防水套管	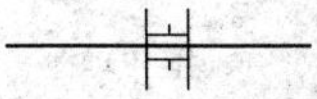	51	闸阀	
37	柔性防水套管	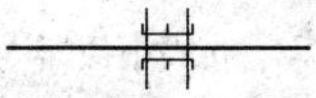	52	截止闸	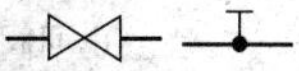

续表

序号	名称	图例	序号	名称	图例
53	球阀		68	消防报警阀	
54	隔模阀		69	浮球阀	
55	液动阀		70	水龙头	
56	气动阀		71	延时自闭冲洗阀	
57	减压阀	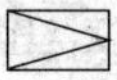	72	泵	
58	旋塞阀	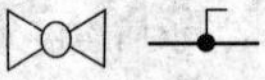	73	离心水泵	
59	温度调节阀		74	管道泵	
60	压力调节阀		75	潜水泵	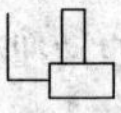
61	电磁阀		76	洗脸盆	
62	止回阀		77	立式洗脸盆	
63	消声止回阀		78	浴盆	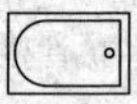
64	自动排气阀		79	化验盆 洗涤盆	
65	电动阀		80	盥洗槽	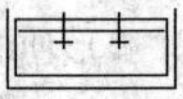
66	湿式报警阀		81	拖布池	
67	法兰止回阀		82	立式小便器	

续表

序号	名称	图例	序号	名称	图例
83	挂式小便器		92	雨水口（单算）	
84	蹲式大便器		93	流量计	
85	坐式大便器		94	温度计	
86	小便槽		95	水流指示器	
87	化粪池	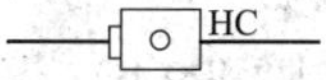	96	压力表	
88	隔油池	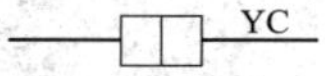	97	水表	
89	水封井		98	除垢器	
90	阀门井　检查井		99	疏水器	
91	水表井		100	Y 形过滤器	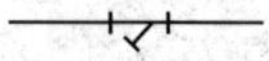

3）给水及排水管道一般采用单线画法以粗线绘制，管道在纵断面图及详图中宜采用双线画出。而建筑、结构及有关器材设备轮廓均采用细实线绘制。

4）不同直径的管道，以同样线宽的线条表示。管道坡度无须按比例画出（画成水平），管径和坡度均用数字注明。

5）靠墙敷设的管道，一般不必按比例准确表示出管线与墙面的微小距离，即使暗装管道也可和明装管道一样画在墙外，只需说明哪些部分要求暗装。

6）当在同一平面位置布置有几根不同高度的管道时，若严格按投影来画，平面图就会重叠在一起，这时可画成平行排列。

7）有关管道的连接配件一般不予画出。

（2）表达方法。

1）图线。

① 新建给排水管线采用粗线。

② 给水排水设备、构件的轮廓线，建筑物、构筑物的轮廓线采用细实线（可见）、细虚线（不可见）。

③ 原有建筑物、构筑物轮廓线，被剖切的建筑构造轮廓线采用细实线（可见）、细虚线（不可见）。

④ 尺寸、图例、标高、设计地面线等采用细实线。

⑤ 细点划线、折断线、波浪线等的使用与建筑图相同。

2）比例。不同建筑给水排水施工图所采用的比例不同，例如室内给水排水平面图可采用 1∶300、1∶200、1∶100、1∶50 四种，具体由设计人员根据需要和标准而定。

3）标高。

① 标高单位为米。标高数字一般注至小数点后第三位，在总图中可注写到小数点后两位。

② 标高标注的位置。管道标高符号一般应标注在起迄点、转角点、连接点、变坡点、交叉点处。压力管道宜标注管中心处，室内外重力流管道宜标注管内底。必要时，室内架空重力流管道可标注管中心，但图中应加以说明。

③ 标高种类。室内管道应注相对标高，室外管道宜注绝对标高，无资料时可注相对标高，但应与总图一致。

④ 标注方法。平面图按图 2-8（a）、系统图按图 2-8（b）、剖面图按图 2-8（c）所示的方式标注。

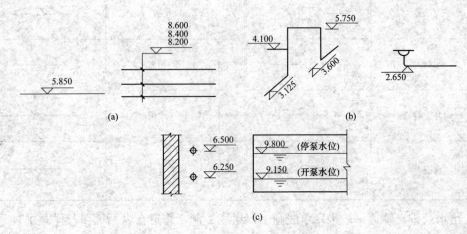

图 2-8 管道的标注方法

（a）平面图的标注；（b）系统图的标注；（c）剖面图的标注

4）管径。

① 单位为毫米。

② 表示方法。低压流体输送用镀锌钢管、焊接钢管、铸铁管、硬聚氯乙烯管、聚丙管等，管径应以公称直径 DN 表示（如 $DN15$、$DN50$ 等）；耐酸陶瓷管、混凝土管、钢筋混凝土管、陶土管（缸瓦管）等，管径应以内径 d 表示（如 $d230$、$d380$ 等）。

无缝钢管等管径应以外径×壁厚表示（如 $D108×4$、$D159×4.5$ 等）。

③标注方法。单管及多管标注如图 2-9 所示，标注位置如图 2-10 所示。

5）编号。

① 当建筑物的给水排水进、出口数量多于一个时，宜进行编号（图 2-11）。

② 建筑物内通过一层及多于一层楼层的立管，其数量多于一个时，宜用阿拉伯数字编号（图 2-12），JL-1 为管道类别和立管代号。

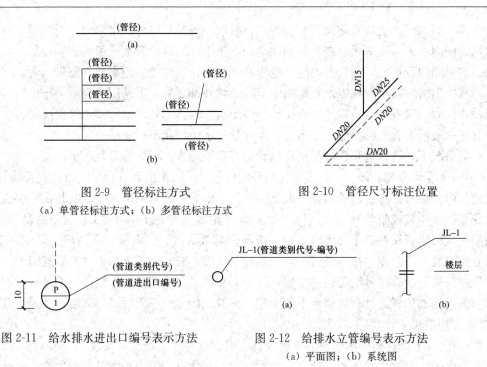

图 2-9 管径标注方式   图 2-10 管径尺寸标注位置

(a) 单管径标注方式；(b) 多管径标注方式

图 2-11 给水排水进出口编号表示方法   图 2-12 给排水立管编号表示方法

(a) 平面图；(b) 系统图

③ 给水排水附属构筑物（阀门井、检查井、水表井、化粪池等）多于一个时应编号。给水阀门井的编号顺序，应从水源到用户，从干管到支管再到用户。排水检查井的编号顺序，应从上游到下游，先支管后干管。

(3) 识图的基本方法。给水排水施工图由基本图纸和详图两大部分组成。基本图纸包括图纸目录、设计施工说明、平面图、系统图（轴测图）、立（剖）面图、设备及材料明细表等；详图包括大样图、节点图等。其读图的基本方法如下：

1) 熟悉图纸目录、了解设计说明，在此基础上将平面图与系统图联系对照识读。

2) 应按给水系统和排水系统分别识读，在同类系统中可按编号进行。

① 给水系统根据管网系统的编号，从给水引入管开始沿水流方向经干管、立管、支管直至用水设备。

② 排水设备根据管网系统编号，从用水设备开始沿排水方向经支管、立管、排出管到室外检查井。

3) 遵循专业设计规范、施工操作规程等标准进行施工。在施工图中，对某些常见部位的管道器材，设备等细部的位置、尺寸和构造要求，往往是不加说明，而是遵循专业设计规范、施工操作规程等标准进行施工的。读图时若要了解其详细做法，尚需参照有关标准图集和安装详图。

4) 平面图的识读。建筑内部给水排水平面图表示室内的给水和排水工程内容，是工程图纸中最基本和最重要的图样。它主要表明建筑内部给水排水管道、卫生设备、用水设备等的平面布置。识读平面图时，应掌握的主要内容及识读方法如下：

① 识读给水进户管和污（废）水排出管的平面布置、走向、定位尺寸、系统编号以及与建筑小区给水排水网的连接形式、管径、坡度等。

给水进户管一般布置在用水量最大处或不允许间断供水处，其目的是为了充分利用室外给水管网中的水压。当建筑物设有两根进户管时，一般是从室外供水网的不同侧引入；若由供水网的同侧引入，则两根进户管的间距不得小于10m。进户管上一般均应装设阀门，以便检修。如果阀门设在室外阀门井内时，应查明阀门距建筑外墙的距离及其型号。

污水排出管一般布置在以最短距离通至建筑物外部之处，平面图中表明了排出管以外第一个检查井时，须查明该检查井中心距外墙的距离。当排出管与室外排水管连接时，应注意其标高，一般前者管底标高应大于后者，连接处的水流转角不得小于90°。

一般情况下，给水进户管与污水排出管均有系统编号，可按编号顺序识读。

② 识读给水排水干管、立管、支管的平面位置尺寸、走向和管径尺寸以及立管编号。

建筑内部给水排水管道的布置一般是：下行上给方式的水平配水干管安装在底层或地下室天花板下（明装或暗装）；上行下给方式的水平配水干管安装在顶层天花板下或吊顶之内，在高层建筑内也可设在技术夹层内；给水排水管通常沿墙、柱安装；在高层建筑中，给水、排水立管安装在管井内；排水横管一般应于地下埋设，或在楼板下吊设（明敷或暗敷）等。

识图时应分清管路是明装还是暗装，分清安装于下层空间而为本层使用的且绘于本层平面图上的管道的位置。计算管路水平长度时，可按比例量取，但对局部管道，必须结合详图（标准图）构造尺寸计算。

③ 识读卫生器具和用水设备的平面位置、定位尺寸、型号规格及数量。

平面图中，仅表示卫生器具的定位尺寸、类型与数量，不表示管道与卫生器具的接管方式和成组卫生设备的构造尺寸，其连接尺寸可按标准图确定。

④ 识读升压设备（水泵、水箱等）的平面位置、定位尺寸、型号规格、数量以及钢板水箱制作的标准图号与要求。

水泵一般尽量设在远离要求安静房间的地下室或设备层内。水箱一般设于顶层或顶层屋面上，应查明水箱的平面定位尺寸。

⑤ 对一幢建筑物的给水管道通常要装设水表计量。若为住宅建筑，水表一般是装在每户的给水支管上；若为公共建筑，水表一般是装在进户管上。识读水表时，应查明水表的型号、安装位置以及水表前后阀门、旁通管的设置情况。一般情况下，管道公称直径小于或等于 $DN50$ 时，常用旋翼式湿式水表；管道公称直径大于 $DN50$ 时，常用螺翼式水表；当通过流量变化幅度很大时，常用复式水表。但注意，水表的公称直径一般比管道公称直径小，因为水表的公称直径是按设计秒流量不大于水表最大流量来决定的。

图 2-13（a）是某单元住宅底层给水排水平面图，图 2-13（b）是楼层给水排水平面图。从图中可看出每层每户设有的浴缸、坐便器、水池等用水设备。给水管径分别为 $DN32$、$DN25$、$DN20$，排水管径分别为 $DN100$、$DN50$。除引入管外，室内给水管均以明管方式安装。图中还表明了阀门的位置（图中未注明尺寸的部位可按比例测量）。

5）系统轴测图的识读。建筑内部给水排水系统轴测图亦称系统图，分为给水系统和排水系统两大部分，表示给排水管道系统的上、下层之间，前后、左右之间的空间关系，表明每个管道系统的空间走向，一般是按斜轴测图和系统编号分别绘制的。它在给水系统轴测图上只绘出水龙头、淋浴器莲蓬头、冲洗水箱等符号，而不绘出卫生器具；对用水设备如水箱、水加热器、锅炉等则仅是示意性绘出立体图，并在给水支管上加注文字说明。在排水系统轴测图上也不绘卫生器具，只绘出相应卫生器具的存水弯或器具排水管。识读轴测图时，应将轴测图与平面图进行对照，以便弄清管道与卫生设备之间的关系。

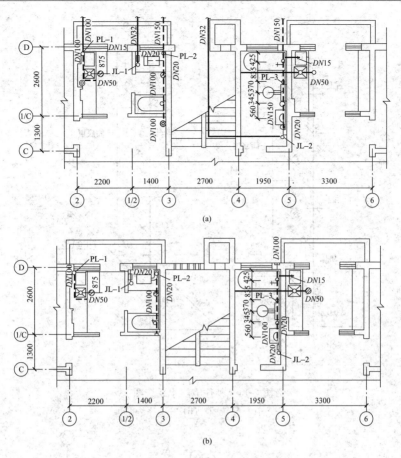

图 2-13　某住宅室内给水排水平面图

(a) 底层平面图；(b) 二～五层平面图

识读给水系统轴测图时，一般是按进户管、干管、立管、支管、用水设备的顺序进行。识读时应弄清管道的走向、干管的敷设形式、管径尺寸及其变径情况，进户管和干管及各支管标高、阀门的设置位置等。

识读排水系统轴测图时，一般是按卫生器具或排水设备的存水弯、排水横管、立管、排出管的顺序进行。识读时应弄清排水管道的走向、管路分支情况、管径尺寸、各管道标高、各横管坡度、存水弯形式、通气系统形式、清通设备设置位置等。

识读轴测图时，应结合说明了解管材和管件的选用、连接方式及安装要求。一般选用情况如下：生活饮用水管可采用镀锌钢管或采用塑料管，螺纹连接，但管径大于 80mm 时，可使用给水承插铸铁管，石棉水泥接口或膨胀水泥接口。热水管道，管径大于 150mm 时，采用直缝卷制焊接钢管（或螺旋缝焊接钢管），焊接连接；管径为 80～150mm 时，采用低压流体输送用的镀锌焊接钢管（或螺旋缝焊接钢管），焊接连接；管径小于 80mm 时，采用镀锌焊接钢管，螺纹连接。普通消防管道采用低压流体输送用的不镀锌焊接钢管，焊接连接；自动喷水灭火管道，采用普通碳素钢无缝钢管，焊接连接。排水管道，采用铸铁管或塑料管（UPVC 管和 ABS 管），多层或高层建筑的排水立管，采用 PF 柔性排水铸铁管，法兰柔性接口；高层建筑的排水横管，采用 PC 柔性排水管。

图 2-14 和图 2-15 分别是图 2-13 的给水、排水的轴测图。

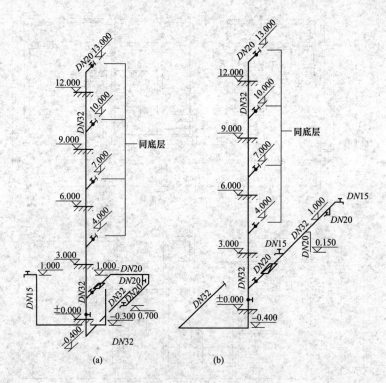

图 2-14　某住宅给水系统图

(a) JL-1 系统图；(b) JL-2 系统图

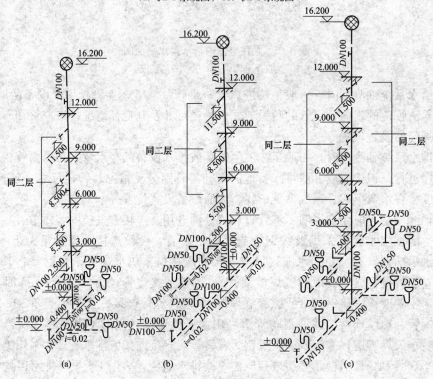

图 2-15　某住宅排水系统轴测图

(a) PL-1 系统图；(b) PL-2 系统图；(c) PL-3 系统图

图 2-14 阅读时，可以从进户管开始，沿水流方向经干管、支管到用水设备。图中的进户管管径均为 DN32，室外管道的管中心标高为 −0.65m，进入室内返高至 −0.4m，在立管上各层均距楼地面 1000mm 引出水平支管通至用水设备。从图中还可以看出各层均由室外管网供水。

图 2-15 阅读时可由排水设备开始，沿水流方向经支管、立管、干管到总排出管。从图 2-15(a) 中可知道各层的坐便器和浴盆的污水是经各水平支管流到管径为 100mm 的立管，再由水平排污管排到室外的检查井。图 2-15(b) 中表示各层的水池污水是经各水平支管流至管径为 100mm 的立管，该立管向下到地面下 −0.4m 处，由管径为 150mm 的水平干管排至室外检查井；图 2-15(c) 中表示各层污水经水平支管流到立管，再由管径为 50mm 的水平管排至室外检查井。

6）详图的识读。建筑给水排水工程的详图，常用的有水表、管道节点、卫生设备、排水设备、室内消火栓、消防水泵接合器、管道支架、管道保温、水加热器、开水炉等的安装图。各种详图（标准图）均按正投影法绘制的，图中注有详细的构造尺寸及材料名称和数量，可供安装时直接使用。

识读管道支架详图应注意：详图中仅表明某种形式支架的做法。平面图和系统轴测图中也不绘出支架的位置，对伸缩性大的热水管道，在平面图轴测图中仅表明固定支架的设置位置，仍不表明支架的形式。因此识图时，应按有关规范规程和习惯做法确定支架的形式与数量。一般情况下：给水横管支架常用管卡、钩钉和角钢托架；给水立管常用管卡，给水和热水供应的立管管卡安装，层高小于或等于 5m 时，每层须安装一个，层高大于 5m 时，每层不得少于 2 个；铸铁排水横管常用吊卡，间距不超过 2m，吊在承口上；铸铁排水管常用立管卡子，装设于铸铁排水管的承口上面，每根管子设一个。

（4）识图时应注意的问题。

1）首先弄清图纸中的方向和该建筑物在总平面图上的位置。

2）看图时先看安装说明，明确设计要求。

3）阅读前应查阅和掌握有关的图例，了解图例代表的内容。

4）识图时应将系统图和平面图对照识读，以便于了解系统全貌。

5）给水系统应从管道入户起，顺管道水流方向，将平面图和系统图对应逐一阅读，弄清管道的方向、分支位置、各段管道的管径、标高、坡度、坡向、管道上的阀门及配水龙头的位置和种类、管道的材质等。

6）排水系统可从卫生器具开始，沿水流方向一直查到排出管，弄清管道的方向，管道汇合位置，各管段的管径、标高、坡度、坡向、检查口、清扫口、地漏的位置、风帽的形式等。同时注意图纸上表示的管道系统有无排列过于紧密，用标准管件无法连接的情况。

7）结合平面图、系统图及说明看详图，了解卫生器具的类型、安装形式、设备的规格型号、配管形式等，搞清系统的详细构造和施工的具体要求。

8）识读图纸时，应注意预留孔洞，预埋件、管沟等的位置及对土建的要求，还须对照有关的土建施工图纸，以便施工中加以配合。

2.1.2　室内消防系统施工图识图

1. 室内消火栓系统常用给水方式

室内消火栓是建筑物内的一种固定消防供水设备，平时与室内消防给水管线连接，遇有火灾时，将水带一端的接口接在消火栓出水口上，把手轮按开启方向旋转即能射水灭火。室内消火栓是建筑防火设计中应用最普遍、最基本的消防设施。

室内消火栓给水系统一般由水枪、水带、消火栓、消火水池、消防管道、水源等组成，必要时还需要设置水泵、水箱和水泵接合器等。

根据建筑物的高度，室外给水管网的水压和流量，以及室内消防管道对水压和流量的要求，室内消火栓给水系统一般有以下几种给水方式。

（1）室外管网直接给水的室内消火栓给水系统。当室外给水管网的压力和流量在任何时间都能满足室内最不利点消火栓的设计水压和流量时，室内消火栓给水系统宜采用无加压水泵和水箱的室外给水管网直接给水方式，如图 2-16 所示。当选用这种方式，且与室内生活（或生产）合用管网时，进水管上若设有水表，则选用水表时应考虑通过的消防水量。

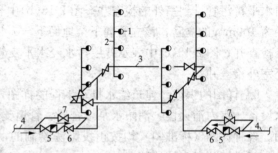

图 2-16　室外管网直接给水的室内消火栓给水系统
1—室内消火栓；2—消防立管；3—干管；
4—进户管；5—水表；6—止回阀；7—阀门

（2）仅设水箱的消火栓给水方式。当室外给水管网一天内压力变化较大，但能满足室内消防、生活或生产用水量要求时，可采用仅设水箱的消火栓给水方式（图 2-17）。水箱可以和生产、生活合用，但必须保证消防 10min 贮存的备用水量。

（3）设加压水泵和水箱的室内消火栓给水系统。当室外管网的压力和流量经常不能满足室内消防给水系统所需的水量水压时，宜设有加压水泵和水箱的室内消火栓给水系统，如图 2-18 所示。

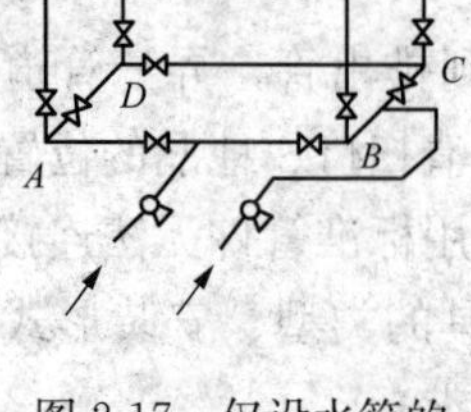

图 2-17　仅设水箱的
消火栓给水方式

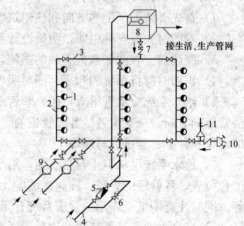

图 2-18　设加压水泵和水箱的
室内消火栓给水系统

1—室内消火栓；2—消防立管；3—干管；4—进户管；5—水表；6—阀门；7—止回阀；8—水箱；9—水泵；10—水泵接合器；11—安全阀

（4）不分区的消火栓给水系统。建筑物高度大于 24m 但不超过 50m，室内消火栓接口处静水压力不超过 1.0MPa 的工业和民用建筑室内消火栓给水系统，仍可自由消防车通过水泵接合器向室内管网供水，以加强室内消防给水系统工作。因此，可以采用不分区的消火栓给水系统，如图2-19所示。

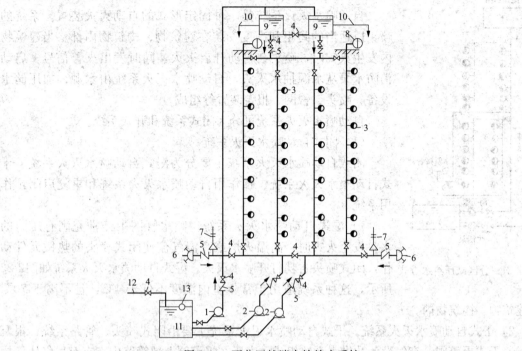

图 2-19　不分区的消火栓给水系统

1—生活、生产水泵；2—消防水泵；3—消火栓和水泵远距离启动按钮；4—阀门；5—止回阀；6—水泵接合器；7—安全阀；8—屋顶消火栓；9—高位水箱；10—至生活、生产管网；11—蓄水池；12—来自城市管网；13—浮球阀

（5）分区消火栓给水系统。建筑物高度超过50m，消防车已难以协助灭火，室内消火栓给水系统应具有扑灭建筑物内大火的能力，为了加强安全和保证火场供水，应采用分区的室内消火栓给水系统。当消火栓口的出水压力大于0.5MPa时，应采取减压措施。

分区消火栓给水系统可分为并联给水方式［图 2-20（a）］、串联给水方式［图 2-20（b）］和分区减压给水方式（图 2-21）。

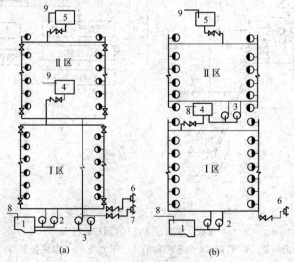

图 2-20　分区消火栓给水系统

1—蓄水池；2—Ⅰ区消防水泵；3—Ⅱ区消防水泵；4—Ⅰ区水箱；5—Ⅱ区水箱；6—Ⅰ区水泵接合器；7—Ⅱ区水泵接合器；8—水池进水管；9—水箱进水管

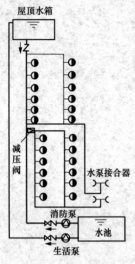

图 2-21　分区减压给水方式

2. 室内自动喷水灭火系统

自动喷水灭火系统是一种固定形式的自动灭火装置。系统的喷头以适当的间距和高度安装在建筑物、构筑物内部。当建筑物内发生火灾时，喷头会自动开启灭火，同时发出火警信号，启动消防水泵从水源抽水灭火。自动喷水灭火系统由水源、加压储水设备、喷头、管网、报警装置等组成。

自动喷水灭火系统可分为闭式系统和开式系统。

（1）闭式自动喷水灭火系统。

闭式自动喷水灭火系统主要分为湿式自动喷水灭火系统、干式自动喷水灭火系统、预作用自动喷水灭火系统和重复启闭预作用系统。

1）湿式自动喷水灭火系统。喷水管网中经常充满有压力的水，发生火灾时，高温火焰或高温气流使闭式喷头的热敏元件动作，闭式喷头自动打开喷水灭火。湿式自动喷水灭火系统如图2-22所示，这种系统适用于常年室内温度不低于 4℃，且不高于 70℃的建筑物、构筑物内。

2）干式自动喷水灭火系统。干式自动喷水灭火系统主要由闭式喷头、管路系统、报警装置、干式报警阀、充气设备及供水系统组成。由于在报警阀上部管路中充有有压气体，故称干式自动喷水灭火系统，如图 2-23 所示。

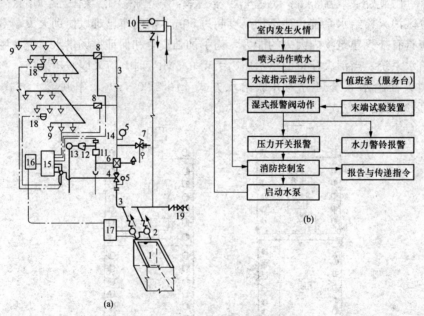

图 2-22　湿式自动喷水灭火系统

（a）组成示意图；（b）工作原理流程图

1—消防水池；2—消防泵；3—管网；4—控制蝶阀；5—压力表；6—湿式报警器；7—泄放试验阀；
8—水流指示器；9—喷头；10—高位水箱、稳压泵或气压给水设备；11—延时器；12—过滤器；
13—水力警铃；14—压力开关；15—报警控制器；16—非标控制箱；17—水泵启动箱；18—探测器；
19—水泵接合器

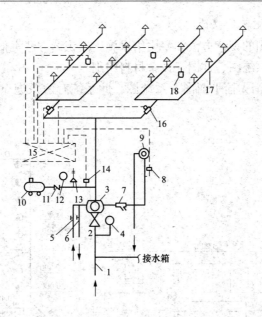

图 2-23 干式自动喷水灭火系统

1—供水管；2—闸阀；3—干式阀；4—压力表；5、6—截止阀；7—过滤器；
8—压力开关；9—水力警铃；10—空压机；11—止回阀；12—压力表；13—安
全阀；14—压力开关；15—火灾报警控制箱；16—水流指示器；17—闭式喷
头；18—火灾探测器

3）预作用自动喷水灭火系统。预作用自动喷水灭火系统主要由火灾探测系统、闭式喷头、预作用阀、报警装置及供水系统组成。预作用自动喷水灭火系统将火灾自动探测控制技术和自动喷水灭火技术相结合，系统平时处于干式状态，当发生火灾时，能对火灾进行初期警报，同时迅速向管网充水使系统成为湿式状态，进而喷水灭火。系统的这种转变过程包含着预备动作的作用，故称预作用自动喷水灭火系统。

4）重复启闭预作用系统。重复启闭预作用系统是在预作用系统的基础上发展起来的一种自动喷水灭火系统新技术。该系统不但能自动喷水灭火，而且当火被扑灭后又能自动关闭系统。这种系统在灭火时尽量减少水的破坏力，但不失去灭火的功能。

（2）开式自动喷水灭火系统。开式自动喷水灭火系统由开式喷头、管道系统、雨淋阀、火灾探测装置、报警控制组件和供水设施等组成，根据喷头形式和使用目的的不同，可分为雨淋喷水灭火系统、水幕系统和水喷雾灭火系统。

1）雨淋喷水灭火系统。雨淋喷水灭火系统由开式喷头、管道系统、雨淋阀、火灾探测器、报警控制装置、控制组件和供水设备等组成。雨淋喷水灭火系统出水迅速，喷水量大，覆盖面积大，其降温和灭火效果显著。

2）水幕系统。水幕系统不直接扑灭火灾，而是阻挡火焰热气流和热辐射向临近保护区扩散，起到防火分隔作用。

3）水喷雾灭火系统。水喷雾灭火系统利用喷雾喷头在一定压力下将水流分解成粒径为 $100 \sim 700 \mu m$ 的细小雾滴，通过表面冷却、窒息、乳化、稀释共同作用实现灭火和防护，保护对象主要是火灾危险大、扑救困难的专用设施或设备。

3. 室内消防给水施工图的识读

室内消防给水施工图的识读方法和室内给水施工图识读方法类似。施工图的组成包括施工设计说明、平面图、系统图、详图、设备材料明细表等。

图 2-24 所示为室内消火栓平面图及系统图。此系统有两条进户管，室内消防管网布置成环状。

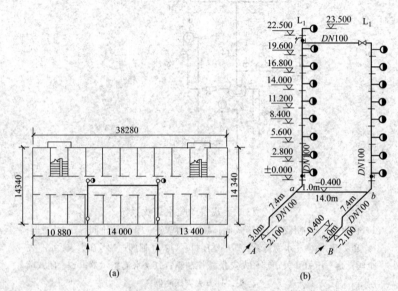

图 2-24　室内消火栓平面布置及系统图
（a）消火栓平面布置图；（b）消火栓系统图

2.2　采暖专业安装工程识图

施工图是施工的依据，是编制施工预算的基础，因此，必须以统一规定的图形符号和简单的文字说明将采暖工程的设计图正确明了地表达出来，用来指导暖通工程的施工。本节主要介绍建筑采暖施工图的基本知识、组成、识读的步骤、方法及要点，以及如何识读建筑采暖施工图。

2.2.1　供暖系统的基本图式

热水供暖系统按系统循环动力的不同，可以分为自然循环系统和机械循环系统，前者靠水的密度实现水的循环，后者则依靠水泵等机械提供循环动力。其中，机械循环热水供暖系统应用最广，因此以下仅以热水供暖系统的基本图式为例作以简单介绍。

热水供暖系统一般由锅炉、供水总管、供水干管、供水立管、散热器支管、散热器、回水立管、回水干管、回水总管、水泵及膨胀水箱等组成。

（1）上供下回式。所谓上供下回式，是指供水干管敷设于最高层散热器上部，与供水立管顶端相接，而回水干管敷设于最低层散热器下部与回水立管底端相连。上供下回式系统管道布置合理，是最常见的一种布置形式。其形式有上供下回双管系统和上供下回单管垂直串联系统、上供下回单管垂直跨越式、上供下回同程式系统，分别如图 2-25～图 2-28 所示。双管系统仅适用于三层及三层以下的建筑，单管系统广泛用于住宅和公共建筑之中。

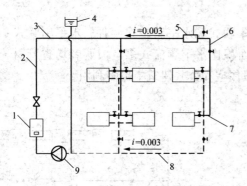

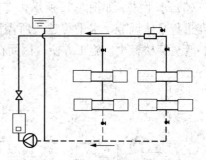

图 2-25 上供下回双管热水供暖系统

图 2-26 上供下回单管垂直串联式
热水供暖系统

1—锅炉；2—总立管；3—供水干管；4—膨胀水箱；5—集气
罐；6—立管；7—散热器支管；8—回流干管；9—水泵

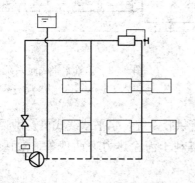

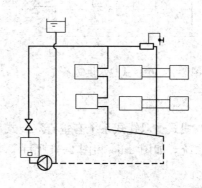

图 2-27 上供下回单管垂直跨越式系统

图 2-28 上供下回同程式系统

（2）下供上回式。如图 2-29 所示，与上供下回式相反，又称倒流式。常用于高温水供暖系统。

（3）下供下回式。如图 2-30 所示，顶层天棚下难以布置管路而不能采用上供式时常用此式。

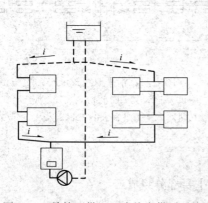

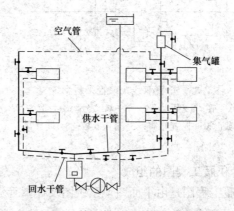

图 2-29 单管下供上回式热水供暖系统

图 2-30 双管下供下回式热水供暖系统

（4）中供式。如图 2-31 所示，当建筑顶层大梁底标高过低，以致采用上供下回式有困难时采用此式。

（5）水平式。如图 2-32 所示，有水平串联式和水平跨越式两种。水平串联式不能对散热器进行个体调节，水平跨越式所需散热面积比水平顺流式多，但两者均省管材，且造价低、管道穿楼板少、施工方便，因而在一般住宅和公共建筑中也多利用。

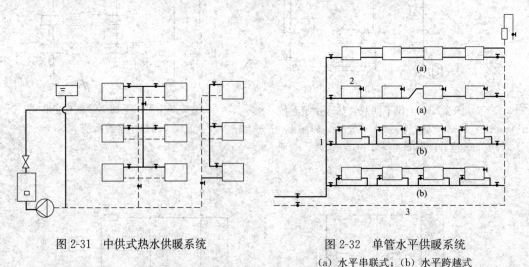

图 2-31　中供式热水供暖系统

图 2-32　单管水平供暖系统
（a）水平串联式；（b）水平跨越式

（6）双线式。双线式系统有垂直双线式单管供暖系统，水平双线式单管供暖系统和单双管混合式系统，如图 2-33 和图 2-34 所示，它有利于消除热力失调现象，常适用于高层建筑中。

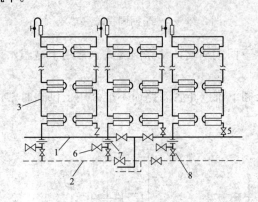
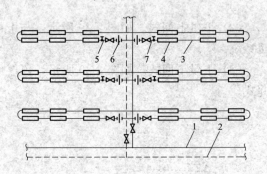

图 2-33　垂直双线式单管采暖系统
1—供水干管；2—回水干管；3—双线立管；4—散热器；
5—截止阀；6—排水阀；7—节流孔板；8—调节阀

图 2-34　水平双线式采暖系统
1—供水干管；2—回水干管；3—双线水平管；
4—散热器；5—截止阀；6—节流孔板；7—调节阀

2.2.2　供暖工程图的组成

供暖工程图是由平面图、系统图及详图等三个主要部分组成。

1. 平面图

平面图视水平主管敷设位置的不同有各层平面图和地沟平面图。平面图主要表明建筑物各层供暖管道和设备的平面布置。平面图表示方法如图 2-35～图 2-37 所示。

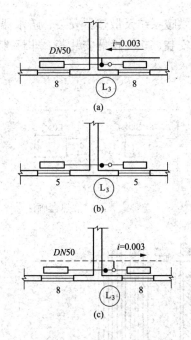

图 2-35　双管上供式供暖平面图表示法
(a) 顶层；(b) 中间层；(c) 底层

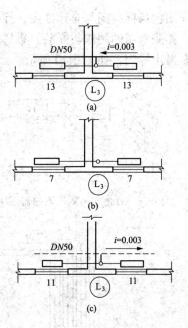

图 2-36　单管垂直式供暖平面图表示法
(a) 顶层；(b) 中间层；(c) 底层

供暖平面图一般应反映下列内容：

（1）房间的名称、编号、散热器的类型、位置与数量（片数）及安装方式。

（2）引入口位置、系统编号、立管编号。

（3）供回水总管、供回水干管、立管、支管的位置、走向、管径。

（4）补偿器型号、位置、固定支架的位置。

（5）室内地沟（包括过门管沟）的位置、走向、尺寸。

（6）热水供暖时，应表明膨胀水箱、集气罐等设备的位置及其连接管，且注明型号规格。

（7）蒸汽供暖时，表明管线间及管线末端疏水装置的位置及型号规格。

（8）表明平面图比例，常用 1∶200、1∶100、1∶50 等。

2. 系统轴测图

系统图表明整个供暖系统的组成及设备、管道、附件等的空间布置关系，表明立管编号、各管段的直径、标高、坡度、散热器的型号与数量（片数）、膨胀水箱和集气罐及阀件的位置与型号规格等。柱形、圆翼形散热器的规格、数量应注在散热器内，如图 2-38 所示。光管式、闭式散热器的规格及数量应注在散热器上方，如图 2-39 所示。

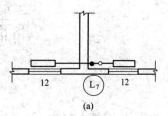

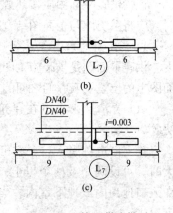

图 2-37　双管下供式供暖
平面图表示法
(a) 顶层；(b) 中间层；(c) 底层

3. 详图

供暖详图包括标准图与非标准图。标准图包括供暖系统及散热器安装、疏水器减压阀调压板安装、膨胀水箱的制作与安装、集气罐制作与安装、热交换器安装等。非标准图的节点与做法，要另出详图，如图 2-40 所示。

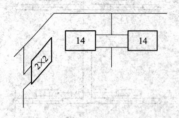

图 2-38　柱形、圆翼形散热器画法

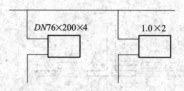

图 2-39　光管式、闭式散热器画法

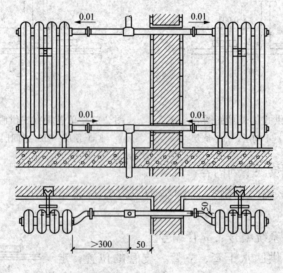

图 2-40　散热器安装详图

2.2.3　识图基本方法

识读供暖平面图应按热媒在管内所走的路程顺序进行，以便掌握全局；识读其系统图时，应将系统图与平面图结合对照进行，以便弄清整个供暖系统的空间布置关系。

1. 平面图的识读

供暖平面图是供暖施工图的主体图纸，它主要表明供暖管道、散热设备及附件在建筑平面图上的位置及其它们之间的相互关系。识读时，应掌握的主要内容及注意事项如下：

（1）弄清热媒入口在建筑平面上的位置、管道直径、热媒来源、流向、参数及其做法等。

热入口也称引入口，它可设于建筑物中间或两端。引入口数一般为一个，当建筑物很大时，可设两个及两个以上。大引入口宜设在建筑物底层的专用房间内，小引入口可设在入口地沟内或地下室内。当有入口地沟时，应查明地沟的断面尺寸和沟底的标高与坡度等。

热入口装置一般由减压阀、压力表、温度计、流量计、混水器、疏水器、分水器、分汽缸、除污器及控制阀门等组成。如果平面图上注明有热入口的标准图号，识读时则按给定的标准图号查阅标准图；如果热入口有节点图，识读时则按平面图所注节点图的编号查找热入口大样图进行识读。

（2）弄清建筑物内散热设备（散热器、辐射板、暖风机）的平面布置、种类、数量（片数）以及散热器的安装方式（即明装、半暗装、暗装）。

散热器一般布置在房间外窗内侧窗台下（也有少数沿内墙布置的），其目的是使室内空气温度分布均匀。楼梯间的散热器应尽量布置在底层，或按一定比例分配在上部各层。

要弄清散热器的安装方式，一般应按图纸说明进行。一般情况下，散热器以明装较多。当房间装修和卫生要求较高或因热媒温度高容易烫伤人时（如宾馆、幼儿园、托儿所等），才采用暗装。若图纸未说明，则散热器按规范要求安装。

要弄清散热器种类，则应识读图例符号和图纸说明，一般情况下，圆翼形散热器常用于工业企业中大面积的少尘车间；长翼形散热器一般用于工业企业的辅助建筑；柱形散热器多用于低层住宅建筑和公共建筑；闭式和板式散热器多用于高层建筑的热水供暖；钢柱散热器多用于一般住宅和民用建筑；光管散热器适用于多尘工业车间或高温高压热媒的供暖系统；暖风机和辐射板适用于高大工业厂房和某些大空间的公共建筑。

（3）弄清供水干管的布置方式、干管上阀件附件的布置位置及型号以及干管的直径。

识读时须查明干管是敷设在最高层、中间层，还是最底层。供水（汽）干管敷设在顶层天棚下（或内），则说明是上供式系统；供水（汽）干管敷设在中间层、底层，则分别说明是中供式、下供式系统；在一层平面图上绘有回水干管或凝结水干管（虚线），则说明是下回式系统。如果干管最高处设有集气罐，则说明为热水供暖系统；若散热器出口处和底层干管上有疏水器，则说明干管（虚线）为凝结水管，从而表明该系统为蒸汽供暖系统。

识读时应弄清补偿器与固定支架的平面位置及其种类、形式。凡热胀冷缩较大的管道，在平面图上均用图例符号注明了固定支架的位置，要求严格时还应注明有固定支架的位置尺寸。供暖系统中的补偿器常用方形补偿器和自然补偿器。方形补偿器的形式和位置，平面图上均应表明，但自然补偿器在平面图中均不特别说明，它完全是利用固定支架的位置来确定的。

（4）按立管编号弄清立管的平面位置及其数量。供暖立管一般是布置在外墙角，也可沿两窗之间的外墙内侧布置，楼梯间或其他有冻结危险场所的一般均是单独设置的立管。双管系统的供水或供汽立管一般置于面向的右侧。

（5）对蒸汽供暖系统，应在平面图上查出疏水装置的平面位置及其规格尺寸。

一般情况下，散热器出口处、凝结水干管始端、水平干管抬头登高的最低点、管道转弯的最低点等要设疏水器。在平面图上，一般要标注疏水器的公称直径。但注意：疏水器的公称直径与其所连管道的公称直径可能不同，应通过计算确定。

（6）对热水供暖系统，应在平面图上查明膨胀水箱、集气罐等设备的平面位置、规格尺寸。

热水供暖系统的集气罐一般装在系统最宜集气的地方。注意图例符号、装于立管顶端的为立式集气罐、装于供水干管末端的则为卧式集气罐。卧式比立式应用较多。立式与卧式集气罐的型号有 1、2、3、4 号，它们的直径分别为 100mm、150mm、200mm、250mm。若平面图中只给出其型号，则可知集气罐的尺寸。

某建筑的供暖平面图如图 2-41 和图 2-42 所示,在首层平面图(图 2-41)中热力入口设在靠近⑥轴右侧位置,供回水干管管径均为 DN50。供水干管引入室内后,在地沟内敷设,地沟断面尺寸为 500mm×500mm。主立管设在建筑北侧⑦轴处。供水干管分成两个分支环路,右侧分支连接 $L_1 \sim L_7$ 共 7 根立管,左侧分支连接 $L_8 \sim L_{15}$ 共 8 根立管。回水干管在过门和厕所内局部做地沟。

在二层平面图(图 2-42)中,从供水主立管(⑥轴和⑦轴交界处)分为左右两个分支环路,分别向立管供水,末端干管分别设置卧式集气罐,型号详且说明,放气管径为 DN15,引至二层水池。

2. 系统图的识读

供暖系统图是表示从热媒入口到热媒出口的供暖管道、散热设备、主要阀件、附件的空间位置及相互关系的图形。识读时应掌握的主要内容及注意事项如下:

(1)查明热入口装置的组成和热入口处热媒来源、流向、坡向、管道标高、管径以及热入口采用的标准图号或节点图编号。

(2)弄清各管段的管径、坡度、坡向,水平管道和设备的标高,各立管的编号。

一般情况下,系统图中各管段两端均注有管径,即变径管两侧要注明管径。散热器供回水支管的坡度往往在系统图中不标出,一般是沿水流方向下降的坡度。坡度大小是按下列规定进行:当支管长度小于或等于 500mm 时,坡度值为 5mm 时,长度大于 500mm 时,坡度值为 10mm。

立管的编号在系统图和平面图中是一致的。

(3)弄清散热器型号规格及数量。按散热器标注方式识图,可知散热器的规格及数量。根据散热器的类型,可查表得散热器的传热面积。当立地安装的散热器为柱形时,可知每组散热器有足和无足的片数(柱形散热器所需带足片:14 片以下为 2 片,15~24 片为 3 片)。

(4)弄清阀件、附件、设备在空间中的位置。凡系统图已注明规格尺寸的,均须与平面图、设备材料表等进行核对。

图 2-43 中系统热力入口供回水干管均为 DN50,并设同规格阀门,标高 -0.9 m。引入室内后供水干管标高为 -0.3 m,有 0.003 上升坡度,经主立管引入二层后分为两个分支,分流节点后设阀门。两分支环路起点标高均为 6.5 m,坡度 0.003,供水干管末端为最高点,分别设卧式集气罐,通过 DN15 放气管引至二层水池,出口处设阀门。

各立管采用单管顺流式,下端设阀门。图中未标注的立、支管管径详见设计说明(立管为 DN20,主管为 DN15)。

回水干管同样分为两个分支,在地面以上明装,起点挥高为 0.1m,有 0.003 沿水流方向下降的坡度。设在局部地沟内的管道,末端的最低点设泄水丝堵,两分支环路汇合前设阀门,汇合后进入地沟,回水排至室外回水管道。

3. 详图的识读

对供暖施工图,详图一般绘平面图、系统图和通用标准图中所缺的局部节点图。平面图和系统图对局部位置只能示意性地给出,如供水干管与立管的连接,实际是通过乙字弯或弯头连接的;散热器与支管的连接也是通过乙字弯或两个 90°弯头来连接的。要知这些局部构造尺寸,必须查阅详图。

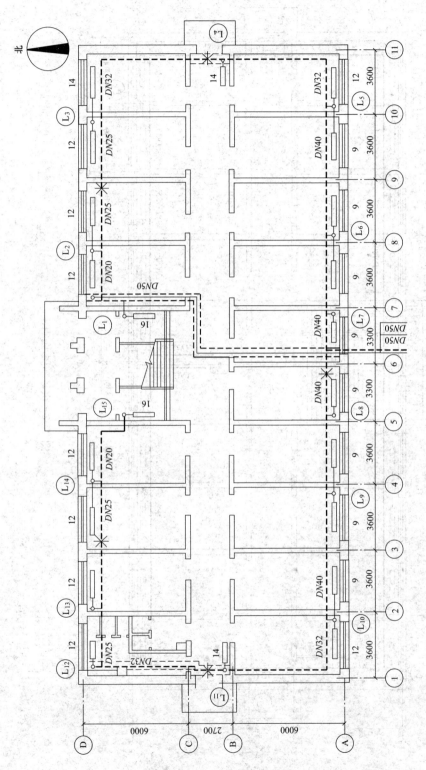

图 2-41　供暖首层平面图

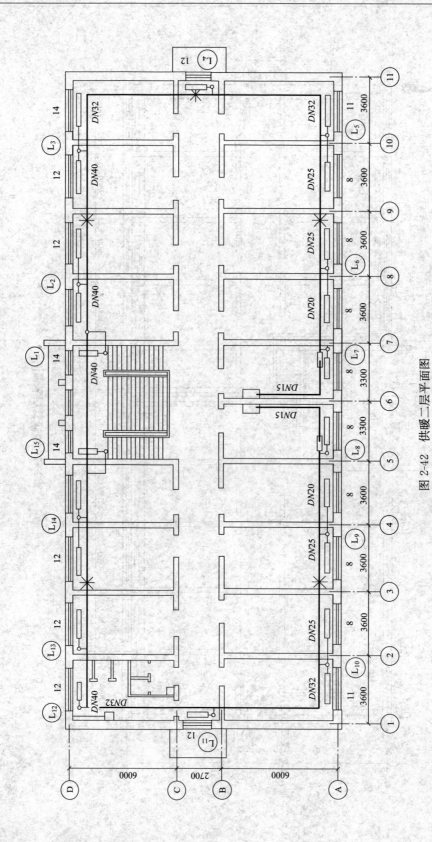

图 2-42　供暖二层平面图

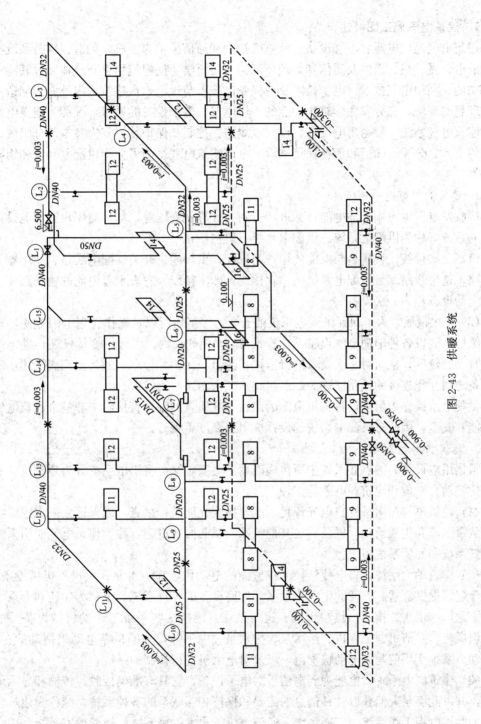

图 2-43　供暖系统

2.3 电气专业安装工程识图

2.3.1 建筑电气施工图概述

建筑电气是以电能、电气设备、计算机技术和通信技术为手段，创造、维持和改善室内空间的电、光、热、声以及通信和管理环境的一门科学，使建筑物更充分地发挥其特点，实现其功能。利用电气技术、电子技术及近代先进技术与理论，在建筑物内外人为创造并合理保护理想的环境，充分发挥建筑物功能的一切电气、电子设备的系统，统称为建筑电气。

建筑电气系统一般由用电设备、供配电线路、控制和保护装置三大基本部分组成，但从电能的供入、分配、输运和消耗使用来看，全部建筑电气系统可分为供配电系统和用电系统两大类。

1. 建筑的供配电系统

接收发电厂电源输入的电能，并进行检测、计算、变压等，然后向用户和用电设备分配电能的系统，称为供配电系统。供配电系统一般包括：

（1）一次接线。直接参与电能的输送与分配，由母线、开关、配电线路、变压器等组成的线路，这个线路就是供配电系统的一次接线，即主接线，它表示着电能的输送路径。一次接线上的设备称为一次设备。

（2）二次接线。为了保证供配电系统的安全、经济运行以及操作管理上的方便，常在配电系统中，装设各种辅助电气设备（二次设备），例如控制、信号、测量仪表、继电保护装置、自动装置等，从而对一次设备进行监视、测量、保护和控制。通常把完成上述功能的二次设备之间互相连接的线路就称为二次接线（二次回路）。

供配电系统作为用电设备提供电能的路径，其质量的好坏直接影响着整个建筑电气系统的性能和安全，因此对供配电系统的设计应引起高度重视。

2. 建筑的用电系统

根据用电设备的特点和系统中所传递能量的类型，又可将用电系统分为建筑电气照明系统、建筑动力系统和建筑弱电系统三种。

（1）建筑电气照明系统。电光源将电能转换为光能进行采光，以保证人们在建筑物内外正常从事生产和生活活动，以及满足其他特殊需要的照明设施，称为建筑电气照明系统，它由电气系统和照明系统组成。

（2）建筑动力系统。将电能转换为机械能的电动机，拖动水泵、风机等机械设备运转，为整个建筑提供舒适、方便的生产与生活条件而设置的各种系统，统称为建筑动力系统，如供暖、通风、供水、排水、热水供应、运输系统。维持这些系统工作的机械设备，如鼓风机、引风机、除渣机、上煤机、给水泵、排水泵、电梯等，全部是靠电动机拖动的。因此，建筑动力系统实质就是向电动机配电，以及对电动机进行控制的系统。

（3）建筑弱电系统。电能为弱电信号的电子设备，它具有准确接收、传输和显示信号的特点，并以此满足人们获取各种信息的需要和保持相互联系的各种系统，统称为建筑弱电系统，如共用电视天线系统、广播系统、通信系统、火灾报警系统、智能保安系统、综合布线系统、办公自动化等。

而在现代房屋建筑中，都要安装许多电气设施和设备，如照明灯具、电源插座、电视、电话、消防控制装置、各种工业与民用的动力装置、控制设备与避雷装置等。每一项电气工程或设施，都要经过专门的设计在图样上表达出来，这些有关的图样就是建筑电气施工图（也叫电气安装图）。电气施工图按"电施"编号。它与建筑施工图、建筑结构施工图、给排水施工图、暖通空调施工图组合在一起，就构成了一套完整的施工图。

上述各种电气设施和设备在图中表达，主要有两方面的内容：一是供电、配电线路的规格和敷设方式；二是各类电气设备及配件的选型、规格及安装方式。

导线、各种电气设备及配件等本身，在图纸中多数不是用其投影，而是用国际规定的图例、符号及文字表示，标绘在按比例编制的建筑物各种投影图中（系统图除外），这是电气施工图的一个特点。

2.3.2 建筑电气施工图中常用的符号和标注

1. 绘图比例

一般，各种电气平面布置图，使用与相应建筑平面图相同的比例。在这种情况下，如需确定电气设备安装的位置或导线长度时，可在图上用比例尺直接量取。

与现有建筑图无直接联系的其他电气施工图，可任选比例或不按比例示意性的绘制，但是，必须在图纸上注明（不可用尺子测量长度）。

2. 图线使用

电气施工图的图线，其宽度应遵守建筑工程制图标准的统一规定，其线型与统一规定基本相同。各种图线的使用见表 2-2。

表 2-2   **电气施工图各种图线及应用**

图线名称	图线形式	图像宽度	电气图应用
粗实线	——————	$b=0.5\sim2\text{mm}$	电路中的母线、总线和主回路线
细实线	——————	$0.35b$	可见导线、各种电器连接线、信号线和建筑物的轮廓线
虚线	———————	$0.35b$	不可见导线，辅助线
点划线	—·—·—·—	$0.35b$	分界线、结构图框线、功能图框线、分组图框线
双点划线	——··——··	$0.35b$	辅助图框线

3. 图例符号

建筑电气施工图中，包含大量的电气符号。电气符号包括图形符号、电工设备文字符号和电工系统图的回路标号三种。

（1）配电箱的表示方法。配电箱是动力和照明工程中的主要设备之一，是由各种开关电器、仪表、保护电器、引入引出线等按照一定方式组合而成的成套电器装置，用于电能的分配和控制。主要用于动力配电的称为动力配电箱，主要用于照明配电的称为照明配电箱，两者兼用的称为综合式配电箱。

电箱的安装方式有明装、暗装（嵌入墙体内）及立式安装等几种形式。

电箱在平面图上用图形和文字标注两种方法表示。

1）配电箱的图形符号。各种配电箱的图形符号见表 2-3。

表 2-3　　　　　　　　　　　　　　　各种配电箱的图形符号

序号	图形符号	说　明
1	 ▭	屏、台、箱、柜一般符号
2	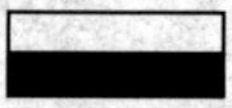 ▭(带黑色条)	动力或动力照明配电箱
3	 ▬	照明配电箱（屏）
4	 ⊠	事故照明配电箱（屏）
5	 ⊗	信号板、信号箱（屏）
6	 ◲	多种电源配电箱（屏）
7	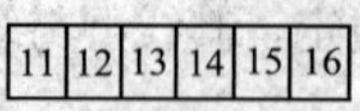 11 12 13 14 15 16	端子板（示出带线端标记的端子板）

2）配电箱的型号表示及文字标注。

照明配电箱型号的表示方法及含义如下：

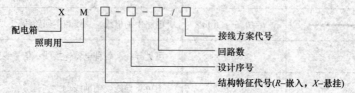

动力配电箱型号的表示方法及含义如下：

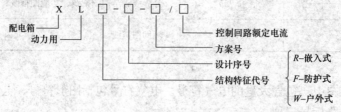

配电箱的文字标注格式一般为 ab/c 或 a-b-c。当需要标注引入线的规格时，则应标注为

$$a\frac{b-c}{d(e\times f)-g}$$

式中　a——设备编号；

　　　b——设备型号；

　　　c——设备容量，kW；

　　　d——导线型号；

　　　e——导线根数；

f——导线截面，mm²；

g——导线敷设方式及部位。

如在配电箱旁标注 2 $\dfrac{\text{XMR201-08-1}}{12}$，表示 2 号照明配电箱，型号为 XMR201-08-1，嵌入式安装，容量为 12kW。若标注为 2 $\dfrac{\text{XMR201-08-1-12}}{\text{BV}-4\times16+\text{E16}-\text{SC40}-\text{WC}}$，则表示 2 号照明配电箱，型号为 XMR201-08-1，嵌入式安装，容量为 12kW，配电箱进线采用 4 根截面为 16mm² 的塑料铜芯线，穿管管径为 40mm 的钢管，另有一根截面为 16mm² 的保护接地线，沿墙暗敷。

（2）常用照明灯具的表示方法。照明灯具在平面图上也是采用图形符号和文字标注两种方法表示。

1）常用照明灯具的图形符号。

常用照明灯具的图形符号见表 2-4。

表 2-4　　　　　　　　　　　　常用照明灯具的图形符号

图形符号	说　　明	图形符号	说　　明
⊗	各灯具一般符号	 ▭	三管荧光灯
⊘	花灯	 ▣	荧光灯花灯组合
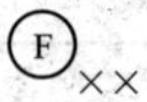 Ⓕ ××	非定型特制灯具	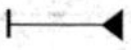 ▸◂	防爆型光灯
●	球形灯	⊗	投光灯
◓	吸顶灯	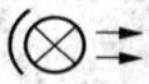 ⊗▸	聚光灯
 ◒	壁灯	 ⊗	泛光灯
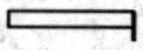 ▭	荧光灯列（带状排列荧光灯）	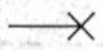 —×	天棚灯座（裸灯头）
 ⊢—	单管荧光灯	 —◁	墙上灯座（裸灯头）
 ▭	双管荧光灯		

2）常用照明灯具的文字标注。

照明灯具的文字标注格式一般为

$$a-b\frac{c\times d\times l}{e}f$$

灯具吸顶安装时为

$$a-b\frac{c\times d\times l}{-}f$$

式中　a——同类照明灯具的个数；

　　　b——灯具的型号或编号；

　　　c——照明灯具的灯泡数；

　　　d——灯泡或灯管的功率，W；

　　　e——灯具的安装高度，m（壁灯时，指灯具中心与地距离；吊灯时，为灯具底部与地距离）；

　　　f——灯具安装方式；

　　　l——电光源的种类（一般不标注）。

如 $6-P\dfrac{1\times100\times IN}{2.5}CP$ 表示有 6 盏普通吊灯，每个灯内装有 1 个 100W 的白炽灯，线吊式安装，高度为 2.5m。

又如：$3-Y\dfrac{2\times60}{\_}$ 表示有 3 盏荧光灯，每盏荧光灯有 2 个 60W 的灯管，吸顶安装。

常用电光源、灯具和安装方式的类型及其代号见表 2-5～表 2-7。

表 2-5　　　　　　　　　　　常用电光源类型及代号

电光源类型	代　　号	电光源类型	代　　号
白炽灯	IN	高压汞灯	Hg
荧光灯	FL	高压钠灯	Na
卤（碘）钨灯	I	氙灯	Xe

表 2-6　　　　　　　　　　　常用灯具类型及代号

灯具类型	代　　号	灯具类型	代　　号
普通吊灯	P	投光灯	T
吸顶灯	D	防水防尘灯	F
壁灯	B	搪瓷伞罩灯	S
荧光灯	Y	隔爆灯	G
花灯	H	柱灯	Z

表 2-7　　　　　　　　　　　照明灯具安装方式及代号

灯具安装方式	代　　号	灯具安装方式	代　　号
线吊式	CP	吸顶式	C
链吊式	CH	吸顶嵌入式	CR
管吊式	P	墙装嵌入式	WR
壁装式	W		

（3）常用照明附件的表示方法。

1）开关的表示方法。照明开关主要是指对照明电器进行控制的各类开关，常用的有翘板式和拉线式两种，在电气照明平面图上，照明开关通常只用图形符号表示，表 2-8 中列出了常用照明开关的图形符号。

表 2-8　　　　　　　　　　　　　　　　常用照明开关的图形符号

序号	图形符号	说　　明	序号	图形符号	说　　明
1		开关一般符号	10		三极开关
2		单极开关	11		暗装三极开关
3		暗装单极开关	12		密闭（防水）三极开关
4		密闭（防水）单极开关	13		防爆三极开关
5		防爆单极开关	14		单极拉线开关
6		双极开关	15		单极限时开关
7		暗装双极开关	16		具有指示灯的开关
8		密闭（防水）双极开关	17		双极开关（单极三线）
9		防爆双极开关	18		调光器

其他开关及熔断器的文字标注。开关及熔断器的文字标注格式一般为：$a\dfrac{b}{c/i}$ 或 $a-b-c/i$；当需要同时标注引入线的规格时其标注格式为

$$a\frac{b-c/i}{d(e\times f)-g}$$

式中　a——设备编号；

　　　b——设备型号；

　　　c——额定电流，A；

　　　i——整定电流；A；

　　　d——导线型号；

　　　e——导线根数；

f——导线截面，mm^2；

g——导线敷设方式及部位。

例如：某开关标注为 2-DZ$_{10}$-100/3-100/60，则表示 2 号设备是型号为 DZ$_{10}$-100/3 的自动空气开关，其额定电流值为 100A，脱扣器的整定电流值为 60A。又如：某开关标注为 $8\dfrac{HH3-100/3-100/80}{BLX-3\times25-SC40-FC}$，表示 8 号设备是一型号为 HH3-100/3 的铁壳开关，其额定电流值 100A，开关内装设的熔断器熔体的额定电流为 80A，开关进线是 3 根截面积均为 $25mm^2$ 的铝芯橡皮导线，穿管管径为 40mm 的钢管埋地暗敷。

2）插座的表示方法。插座主要用来插接照明设备和其他明电设备，也常用来插接小容量的三相用电设备，常见的有单相两孔和单相三孔（带保护线）插座和三相四孔插座。

在动力和照明平面图中，插座往往采用图形符号来表示，工程中常见插座的图形符号见表 2-9。

表 2-9　　　　　　　　　　插座在动力和照明平面图中的表示

序号	图形符号	名　称	序号	图形符号	名　称
1		单相插座	10		带接地插孔的暗装三相插座
2		暗装单相插座	11	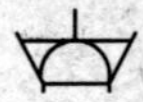	带接地插孔的密闭（防水）三相插座
3		密闭（防水）单相插座	12		带接地插孔的防爆三相插座
4		防爆单相插座	13		插座箱（板）
5		带保护触点插座带接地插孔的单相插座	14	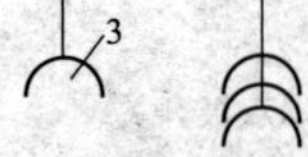	多个插座
6		带接地插孔的暗装单相插座	15	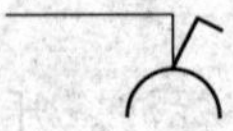	具有单极开关的插座
7		带接地插孔的密闭（防水）单相插座	16		具有隔离变压器的插座
8		带接地插孔的防爆单相插座	17		带熔断器的插座
9		带接地插孔的三相插座			

（4）其他用电设备的表示方法。

1）图形符号表示法。在电气照明平面图上，一些固定安装用电设备如电风扇、空调器、电铃等也需要在图上表示出来，其图形符号见表 2-10。

表 2-10　　　　　　　　　其他常用电气设备的图形符号

序号	名　称	图形符号	序号	名　称	图形符号
1	电风扇		5	电阻加热装置	
2	电能表（瓦特小时计）		6	电热水器	
3	电铃		7	电弧炉	
4	钟（二次钟、副钟）				

2）文字标注表示法。用电设备的文字标注表示的一般格式为

$$a/b \quad 或 \quad \frac{a}{b} \bigg| \frac{c}{d}$$

式中　a——设备编号（或型号）；

　　　b——设备额定功率，kW；

　　　c——电源线路首端熔断器片或自动开关释放器的电流，A；

　　　d——安装标高，m。

如：电动机出线口的标注为 4/7.5，表示电动机编号为 4 号，额定功率为 7.5kW。

2.3.3　电气工程图的组成和特点

1. 电气工程图的组成

电气工程图是一类应用十分广泛的工程图，用它来阐述电气工程的构成和功能，描述电气装置的工作原理，提供装接和维护使用信息，由于一项电气工程的规模不同，反映该项工程的电气图的种类和数量也是不同的。一般而言，一项工程的电气图通常由以下几部分组成，也是其读图的顺序。

（1）目录和前言。图纸目录包括序号、图纸名称、编号、张数等。前言包括设计说明、图例、设备材料明细表，工程经费概算等。了解工程名称、项目内容、设计日期等。

看设计说明了解电气工程总体概况及设计依据，基本指导思想与原则，图纸中未能清楚表明的工程特点，安装方法，工艺要求，特殊设备的安装使用说明、有关的注意事项等的补充说明。如供电电源的来源、电压等级、线路敷设方式、设备安装高度及安装方式，补充使用的非国标图形符号，施工时应注意的事项等。有些分项局部问题是在各分项工程的图纸上说明的，看分项工程图纸时，也要先看设计说明。

图例即图形符号，通常只列出本套图纸涉及的一些特殊图例。设备材料明细表列出该项电气工程所需的主要电气设备和材料的名称、型号、规格和数量，以备经费预算和购置设备

材料时考虑使用。工程经费概算大致统计出电气工程所需的主要费用，是工程经费预算和决算的重要依据。

(2) 电气系统图和框图。电气系统图主要表示整个工程或其中某一项目的供电方式和电能输送的关系，也可表示某一装置各主要组成部分的关系。

各分项图纸中都包含系统图，如变配电工程的供电系统图，电力工程的电力系统图，电气照明工程的照明系统图以及各种弱电工程的系统图等。看系统图的目的是了解系统的基本组成、主要电气设备、元件等连接关系及它们的规格、型号、参数等，掌握该系统的基本概况。

(3) 电路图和接线图。电路图主要表示系统或装置的电气工作原理，又称电气原理图。接线图主要用于表示电气装置内部各元件之间及其与外部其他装置之间的连接关系，又可具体分为单元接线图、互连接线图、端子接线图、电线电缆配置图等。

了解系统中用电设备的电气自动控制原理，用来指导设备的安装和控制系统的调试工作。因电路图多是采用功能布局法绘制的，看图时应该依据功能关系从上至下或从左至右一个回路、一个回路的阅读。若能熟悉电路中各电器的性能和特点，对读懂图纸将有很大的帮助。在进行控制系统的配线和调试工作中，还可以配合阅读接线图和端子图进行。

(4) 电气平面图。电气平面图主要表示某一电气工程中电气设备、装置和线路的平面布置，它一般是在建筑平面图的基础上绘制出来的，是建筑电气工程图纸中的重要图纸之一。常规电气工程平面图有线路平面图、变电所平面图、动力平面图、照明平面图、弱电系统平面图、防雷与接地平面图等。

平面布置图主要用来表示设备安装位置、线路敷设部位、敷设方法及所用导线型号、规格、数量、管径大小的，是安装施工、编制工程预算的主要依据图纸，必须熟读。对于经验还不太丰富的人员，可对照相关的安装大样图一起阅读。

(5) 设备布置图。设备布置图主要表示各种电气设备和装置的布置形式、安装方式和相互间的尺寸关系，通常由平面图、立面图、断面图、剖面图等组成。

(6) 大样图。大样图主要表示电气工程某一部件、构件的结构，用于指导施工与安装，其中一部分大样图为国家标准图。特别是对于初学的人员更显重要，甚至可以说是不可缺少的。安装大样图大多采用全国通用电气装置标准图集。

(7) 其他电气图。在电气工程图中，电气系统图、电路图、接线图、平面图是最主要的图。在某些较复杂的电气工程中，为了补充和详细说明某一方面，还需要有一些特殊的电气图，如功能图、逻辑图、印制版电路图、曲线图及表格等。

(8) 设备元件和材料表。设备元件和材料表是指将某一电气工程所需要主要设备、元件、材料和有关的数据列成表格，表示其名称、符号、型号、规格、数量。这种表格是电气图的重要组成部分，它一般置于图的某一位置，也可单列成一页。为了书写的方便，通常由下往上排列。这种表格与前言中的设备材料明细表在形式上相同，但用途不同，后者主要说明图上符号所对应的元件名称和有关数据。这种表格对阅读电气图的十分有用，应与图联系起来阅读。

(9) 阅读图纸的顺序。阅读电气工程图图纸的顺序没有统一的规定，可根据需要，灵活掌握，并有所侧重。在读图方法上，可采取先粗读，后细读，再精读的步骤。

粗读就是先将施工图从头到尾大概浏览一遍，主要了解工程的概况，做到心中有数。

细读就是按照读图顺序和要点仔细阅读每一张施工图,有时一张图纸需反复阅读多遍。

精读就是将电气图中的关键部位及设备、贵重设备及元件、电力变压器、大型电机及机房设施、复杂控制装置的部分重新仔细阅读,系统掌握电气图的要求,做到成竹在胸。

2. 电气工程图的一般特点

(1) 图形符号、文字符号和项目代号,是构成电气图的基本要素。一个电气系统,设备或装置通常由许多部件、组件、功能单元等组成。这些部件、组件、功能单元等被称为项目。主要以简图形式表示在电气工程图中,为了描述和区分这些项目的名称、功能、状态、特征、相互关系、安装位置、电气连接等,没有必要也不可能画出其外形结构,一般是用一种图形符号表示的。

但有时,为区别部件、组件、功能单元的名称,功能、状态特征及要安装的位置等,还必须在符号旁边标注文字符号。为了更具体地区分,除了标注文字符号、项目代号外,有时还要标注一些技术数据。

(2) 简图是电气工程图的主要形式。简图是用图例符号,带注释的图框或简化外形表示系统或设备中各组成部分之间相互关系的一种图,电气工程图绝大多数都采用简图这一种形式。

(3) 元件和连接线是电气图描述的主要内容。一种电气装置主要由电气元件和电气连接线构成,因此,无论是说明电气工作原理的电路图,表示供电关系的电气系统图,还是表明安装位置和接线关系的平面图和接线图等,都是以电气元件和连接线作为描述的主要内容,也因为对元件和连接线描述方法不同,而构成电气图的多样性。

(4) 功能布局法和位置布局法是电气工程图两种基本的布局方法。功能布局法是指电气图中元件符号的布置,只考虑便于看出他们所表示的元件之间的功能关系而不考虑实际位置的一种布局方法,而对于元件之间的实际位置怎样布置则不予表示。位置布局法是指电气图元件符号的布置对应于该元件实际位置的布局方法。

(5) 对能量流、信息流、逻辑流、功能流的不同描述方法,构成了电气图的多样性。所谓能量流,是反映电能的流向和传递的;信息流是反映信号的流向、传递和反馈;逻辑流是表征相互之间的逻辑关系的;功能流是表征相互间的功能关系的。

例如:描述能量流和信息流的电气图有系统图、框图、电路图、接线图等;描述逻辑流的电气图有逻辑图等;描述功能流的有功能表图、程序图、电气系统说明书用图等。

2.3.4　动力及照明电气工程图

动力及照明电气工程是现代建筑中最基本的用电装置。动力工程主要是指以电动机为动力的设备、装置、起动器、控制箱和电气线路等的安装和敷设;照明工程包括灯具、开关、插座等电气设备和配电线路的安装与敷设。

动力及照明工程图是建筑电气工程图中最基本最常用的图纸之一,它是表示工矿企业及建筑物内外的各种动力、照明装置及其他用电设备以及为这些设备供电的配电线路、开关等设备的平面布置、安装和接线的图纸,是动力及照明工程中不可缺少的图纸。一般包括动力及照明系统图、平面布置图及配电箱的安装接线图及电路原理图等,其中的动力平面布置图和照明平面布置图是本部分的重点,我们将在后面着重介绍。

按照国家关于电气图种类标准的划分,动力和照明工程图不属于单独的一类图,但各图所描述的对象十分明确而单一,其表达形式有许多特点,在读图时应加以注意。

1. 动力和照明线路及设备在图上的表示方法

(1) 常用电线电缆的种类。电线电缆的品种很多，应用较为广泛的有裸导线、绝缘电线和电缆等。

1) 裸导线。裸导线只有导电部分，没有绝缘层和保护层。电力系统中常用的裸导线：用于架空线路中的裸绞线，如铜绞线（TJ）、铝绞线（LJ）、钢芯铝绞线（LGJ）；用于供配电设备中的汇流线，如矩形硬铜母线（TMY）、矩形硬铝母线（LMY）等。

2) 绝缘电线。绝缘电线用于低压供电线路及电气设备的连线，常用绝缘电线的种类及型号见表 2-11。

表 2-11　　　　　　　　　　　常用绝缘电线的种类及型号

型　号	名　称	主要用途
BX	铜芯橡皮线	固定敷设用
BLX	铝芯橡皮线	
BXR	铜芯橡皮软线	
BV	铜芯塑料线	
BLV	铝芯塑料线	
BVR	铜芯塑料软线	
BVV	铜芯塑料护套线	
BLVV	铝芯塑料护套线	
BXF	铜芯氯丁橡皮线	
RVS	铜芯塑料绞型软线	用于盘内配线及小功率用电设备中
RVB	铜芯塑料平型软线	

注　绝缘导线型号中的符号含义如下：B—布线用；X—橡皮绝缘；V—塑料绝缘；L—铝芯（铜芯不表示）；R—软导线。

3) 电力电缆。电力电缆用来输送和分配电能，按其绝缘材料及保护层的不同分为纸绝缘电缆（代号为 Z）、塑料绝缘电缆（代号为 V）、橡皮绝缘电缆（代号 X），例如 VV 是塑料绝缘铜芯塑料护套电缆，ZLQ 是纸绝缘铝芯铅包电力电缆。型号中的 Q 表示保护层为铅包，铝包则为 L。

4) 常用电线电缆线芯的规格及表示。电线电缆的线芯一般采用铜芯和铝芯，国家标准中，线芯的额定截面积有以下几种规格（单位 mm²）：

0.2，0.3，0.4，0.5，1.0，1.5，2.5，4.0，6.0，10，16，25，35，50，70，95，120，185，240，300。

在电气工程图中，表示导线的截面积时还应同时表示出电线电缆的型号、线路的额定电压，如 BLV-500-3×16+1×10，表示铝芯塑料绝缘电缆，额定电压为 500V，三根相线截面积均为 16mm²，一根中性线的截面积为 10mm²。

(2) 线路敷设方式的文字符号表示。动力及照明配电线路一般采用绝缘导线或电力电缆，其敷设（也称配线）方式分为明敷和暗敷两大类。常用的配线方法有夹板配线、铝卡片配线、瓷瓶配线、槽板配线、电线管配线、钢管配线、塑料管配线、钢索配线等。其敷设方式的文字符号是用英文字母表示，见表 2-12。

表 2-12　　　　　　　　　　　　　　线路敷设方式文字符号

中文名称	文字代号	中文名称	文字代号
明敷	E	钢管配线	SC
暗敷	C	硬塑料管配线	PC
瓷瓶配线	K	金属线槽配线	MR
铝卡片配线	AL	塑料线槽配线	PR
瓷夹配线	PL	电缆桥架配线	CT
塑料夹配线	PCL	钢索配线	M
穿阻燃半硬塑料管配线	FPC	金属软管配线	FMC
电线管配线	MT		

（3）线路敷设部位的文字符号表示。线路敷设部位的文字符号见表 2-13。

表 2-13　　　　　　　　　　　　　　线路敷设部位文字符号

中文名称	文字符号	中文名称	文字符号
梁	B	构架	R
柱	CL	顶棚	C
墙	W	吊顶	SC
地面（板）	F		

　　如沿顶棚明配用 CE 表示，在墙体内暗配用 WC 表示，在地面暗配用 FC 表示，沿柱明配为 CLE。

（4）线路功能的文字符号表示。线路功能的文字符号见表 2-14。

表 2-14　　　　　　　　　　　　　　线路功能的文字符号

中文名称	文字符号	中文名称	文字符号
配电干线	PG	照明干线	MG
配电分干线	PFG	照明分干线	MFG
动力干线	LG	控制线	KZ
功力分干线	LMG		

（5）线路的表示方法。

1）导线根数在图上的表示。动力及照明线路在平面图上均用图线加文字符号来表示。图线通常用单线表示一组导线，同时在图线上打上短线表示跟数，例如：///表示 3 根导线；也可画一条短斜线，在短斜线旁标注数字来表示导线的根数。例如，$\nearrow^{n}$ 表示 n 根导线（$n \geqslant 3$）。对于两根导线，可用一条图线表示，不必标注根数，这在动力及照明平面图中已成惯例。导线根数的表示方法如图 2-44 所示。

2）线路标注的一般格式。在平面图上用图线表示动力及照明线路时在图线旁还应标一定的文字符

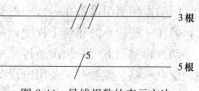

图 2-44　导线根数的表示方法

号，以说明线路的编号、导线型号、规格、根数、线路敷设方式及部位等，其标注的一般格式为

$$a-d-(e\times f)-g-h$$

式中　a——线路编号或线路功能的符号；

　　　d——导线型号；

　　　e——导线根数；

　　　f——导线截面积（不同截面积应分别表示），mm^2；

　　　g——导线敷设方式或穿管管径；

　　　h——导线敷设部位。

图 2-45 为动力和照明线路在平面图上表示方法的实例。

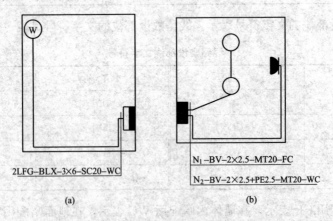

2LFG–BLX–3×6–SC20–WC

N_1–BV–2×2.5–MT20–FC

N_2–BV–2×2.5+PE2.5–MT20–WC

(a)　　　　　(b)

图 2-45　动力和照明线路表示方法示意图

(a) 动力线路；(b) 照明线路

图 2-45（a）中的"2LFG-BLX-3×6-SC20-WC"表示 2 号动力分干线，导线型号为铝芯橡皮绝缘线，由 3 根截面积均为 $6mm^2$ 的导线，穿管径为 20mm 的铜管沿墙暗敷。

图 2-45（b）中"N_1-BV-2×2.5-MT20-FC"，表示为 N_1 回路，导线型号为铜芯塑料绝缘线 2 根截面积均为 $2.5mm^2$ 的导线，穿管径为 $20mm^2$ 的电线管，沿地板暗敷，图中表示为通往插座的导线；"N_2-BV-2×2.5＋PE2.5-MT20-WC"比 N_1 回路多一根截面积为 $2.5mm^2$ 的保护线，敷设方法改为沿墙暗敷。

2. 动力和照明工程图的识图及一般特点

(1) 动力及照明工程图的识图。动力和照明供电系统图是表示建筑物内外的动力、照明及其器具的供电和配电的基本情况的图。在电气系统图上，集中反映了动力和照明的安装容量、计算容量，计算电流，配电方式，导线和电缆的型号、规格，线路的敷设方式，穿管管径开关、熔断器及其他控制保护设备的规格、型号等。

因动力和照明设备在运行中各有特点，在大多数建筑物中，动力系统和照明系统是分开的，但在一些较小的建筑工程中，两者是合二为一的。

动力和照明电气系统图通过采用图表的形式按供电系统分别列出各路电源进线、电源开关，配电线路，控制开关及用电设备等的型号、规格、数量等内容。

1) 动力和照明平面布置图。动力及照明平面图是电气工程图中最重要的图纸，它是集

中表示建筑物内动力、照明设备和线路平面布置的图纸。这些图纸是按照建筑物不同楼层分别画出的，并且动力与照明分开。除反映建筑物特征外，突出表现建筑物内配电设备、动力、照明设备等平面布置、线路走向等情况。

动力及照明平面图主要表示动力及照明线路的敷设位置、方式、导线型号规格、根数、穿管管径等，同时还标出了各种用电设备（如各种灯具、电动机、电风扇、插座等）及配电设备（如配电箱、开关等）的数量、型号和相对位置。

动力及照明平面图上的土建平面是完全按比例绘制的，电气部分的导线和设备通常采用图形符号表示，导线与设备间的垂直距离和空间位置一般也不另用立面图表示，而是采用文字标注安装标高或附加必要的施工说明的方法加以示出。绘图时常用细实线绘出建筑物平面的墙体、门窗、工艺设备等外形轮廓，用中粗线绘出电气部分。如图 2-46 所示为简单的照明平面布置图。

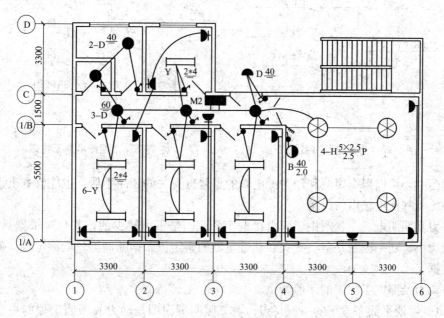

图 2-46　照明平面图

该图为某办公楼第二层的电气照明平面图。该办公楼室内均用 BV 塑料铜芯线穿电线管沿地板、墙或平顶暗敷，从图中可以看出该层有一双开间会议室、4 间办公室及厕所。会议室有 4 花灯，每个灯中有 5 个 25W 的白炽灯，花灯离地 2.5m，管吊式安装。分别由一单控四联开关控制，该会议室还装有两盏 40W 的壁灯，离地 2m 安装。每个办公室有两个每只灯管为 40W 的双管日光灯，吸顶安装，走廊和厕所均用圆球吸顶灯，功率为 40W，办公室及会议室还装有若干个单相插座（暗装），每个房间的灯均用暗装的单控开关控制。

2）动力、照明配电箱电气图。配电箱是动力和照明工程中常用的设备之一。目前所用配电箱有标准产品和非标准产品两大类。标准产品的结构及内部元件和接线是按国家统一设计的型号、规格而制作，非标准产品一般因设计需要由建设方提出、专门生产定做。

标准产品的配电箱，一般只绘出电气系统图，非标准产品的配电箱还要画出其尺寸、设备布置图和接线图。

① 动力配电箱系统图。动力配电箱基本型号为 XL 系统，主要用于工矿企业中交流

500V 以下的 TN-C（TN-S）供电系统中做电力配电用。配电箱内安装刀开关、自动空气开关、熔断器、交流接触器、热继电器等设备，具有过载保护、短路保护和失电压、欠电压保护功能。动力配电箱系统图如图 2-47 所示。

② 照明配电箱系统图。照明配电箱基本型号为 XM 系列，主要用于交流 500V 以下的 TN-C（TN-S）供电系统中作非频繁地操作控制照明线路用，箱内装有刀开关、熔断器、自动空气开关等，具有短路和过载保护功能。照明配电箱系统图如图 2-48 所示。

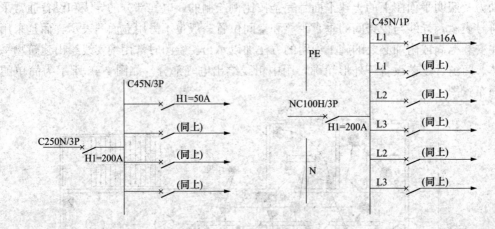

图 2-47　动力配电箱系统图　　　　　图 2-48　照明配电箱系统图

在读图中，可以根据照明和动力配电箱的型号查有关的产品手册，也能够查出该配电箱的电气系统图和配电箱内的设备。

在动力及照明电气工程图中，配电箱电气系统图是不可缺少的，并且应根据具体工程，指出负荷大小、功率因数、空气开关和热继电器的整定值、熔断器熔丝的额定电流值等有关的技术依据。

（2）动力及照明工程图的一般特点。

1）电气照明平面布置图的一般特点。电气照明平面图是动力及照明工程的主要图纸之一，也是安装施工单位进行安装施工的重要依据，应用十分广泛。

照明平面图描述的主要对象是照明电气线路和照明设备，通常包括以下内容：

① 电源进线和电源配电箱及分配电箱的形式、安装位置、以及电源配电箱内的电气系统。

② 照明线路中导线的根数、型号、规格、线路走向、敷设方式及位置等。

③ 照明灯具的类型、灯泡灯管功率，灯具的安装方式、位置等。

④ 照明开关的类型、安装位置及接线等。

⑤ 插座及其他日用电器的类型、容量、安装位置及接线等。

2）照明设备及线路在图上的表示。

① 图形符号和文字符号的应用。照明设备及线路在平面图上不能用实物来描述，只能采用图形符号和文字符号来表示。

电气照明设备和线路及图形符号和文字符号在前边已说明，一些相应安装和敷设方式的图形符号见表 2-15。

表 2-15 安装和敷设方式的图形符号

序号	名 称	符 号	说 明
1	配线方向	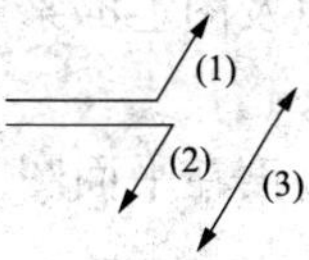 (1) (2) (3)	(1) 向上配线 (2) 向下配线 (3) 垂直通过配线
2	带配线的用户端		
3	配电中心	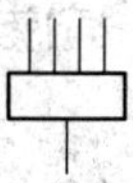	示出 5 根导线管
4	连接盒或接线盒	⊙	
5	最低照度	⑮	
6	照度检查点	● a (1) ● $\frac{a-b}{c}$ (2)	
7	电缆与其他设施交叉点	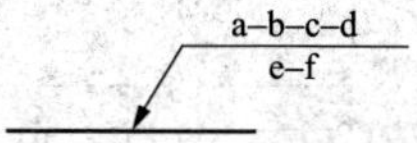 $\frac{a-b-c-d}{e-f}$	电缆与其他设施交叉点 a——保护管根数 b——保护管直径，mm c——管长，m d——地面标高，m e——保护管埋设深度，m f——交叉点坐标
8	导线型号规格或敷设方式的改变	$3\times16\times3\times10$ $\times\phi2\frac{1''}{2}$	(1) 3mm×16mm 导线改为 3mm×10mm (2) 无穿管敷设改为导线穿管×$\phi2\frac{1''}{2}$ 敷设
9	电压损失%	V	或用 ΔV 表示
10	直流电	−220V	示出直流电压 220V
11	交流电	$m\sim fV$ 3N~50Hz，380V	m——相数 f——频率（Hz） V——电压（V） 示出交流，三相带中性线 N，50Hz，380V
12	照明变压器	a/b−c	a——一次电压，V b——二次电压，V c——额定容量，VA

② 照明设备和支路位置的确定。在照明平面图上照明设备和线路必须标注其安装和敷设的位置，可分为平面位置和垂直位置。

平面位置。可以根据建筑平面图的定位轴线以及图上的某些建筑物（如门窗等）来确定照明设备和线路布置的平面位置。

垂直位置。照明设备和线路的安装和敷设的高度在平面图上可采用以下几种方式表示：

a. 标高。一般标注安装高度。

b. 文字符号标注。如灯具安装高度在符号旁按一定方式标注出具体尺寸。

c. 图注：用文字方式标注出某些共同设备的安装高度，在注释中加以说明，如"所有照明开关离地面1.3m"。

3）接线方式的表示。在同一个建筑物内，灯具、插座有很多，它们之间的互相连接通常采用两种方法：

① 直接接线方法。各照明灯具、插座及开关等直接从电源干线上引接，且导线中间允许有接头的安装接线法，称为直接接线方法，如图2-49所示。

② 共头接线法。各照明灯具、插座及开关等直接从电源干线上引线，导线的连接只能通过开关、设备的接线端子引线，导线中间不允许有接头的安装接线称共头接线法，如图2-50所示。

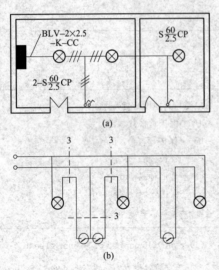

图 2-49　直接接线方法
（a）平面图；（b）剖面图

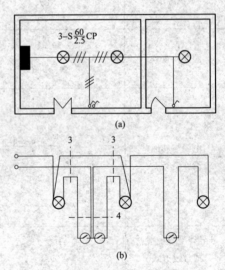

图 2-50　共头接线方法
（a）平面图；（b）剖面图

图中用键连的虚线表示与平面图中的三根、四根导线的相互对应关系。从图中可以看出，共头接线法所用的导线较多，但是由于它接线可靠、安全而得到广泛采用。图2-49（b）和图2-50（b）也称为剖面图或斜视图。剖面图画起来较麻烦，但它能较直观、详细地表示照明灯具、开关、插座等的实际线路的连接。

第3章 水电安装工程施工

3.1 水暖工程基本操作技术

3.1.1 水暖管道支架制作与安装

1. 管道支架形式

管道支架对管道起承托、导向和固定作用，它是管道安装工程中重要的构件之一。由于管道系统本身有许多特殊之处，因此产生了不同形式的支架。

管道支架形式按作用分为固定支架、活动支架、导向支架和减振支架；按其结构形式可分为支托架、吊架和卡架；按支架安装位置可分为地沟支架和架空支架。

（1）固定支架。固定支架种类很多，主要用于不允许管道有任何方向位移的部位。为保证各分支管路位置固定，使管道只能在两个固定支架间胀缩，固定支架宜生根在钢筋混凝土结构上或专设的构筑物上，如图3-1所示。

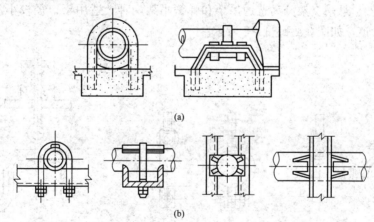

图 3-1 固定支架

(a) 在基础上；(b) 在架上

（2）活动支架。活动支架用于水平管道上，有轴向位移和横向位移但没有或只有很少垂直位移的地方。活动支架有滑动支架、悬吊支架和滚动支架等。

1）滑动支架。滑动支架主要承受管道的重量和因管道热位移摩擦而产生的水平推力，并且保证在管道发生温度变化时，能够使其变形、自由移动。导向支架除承担管重量外，可使管道在支架上滑动时不致偏移管道轴线。

滑动支架分为高滑动支架和低滑动支架两种，如图3-2所示。

2）滚动支架。滚动支架分为滚珠支架和滚柱支架两种，主要用于大管径且无横向位移的管道，两者相比，滚珠支架可承受较高温度的介质，而滚柱支架对管道摩擦力比较大一些，如图3-3所示。

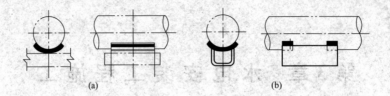

图 3-2 滑动支架

（a）高滑动支架；（b）低滑动支架

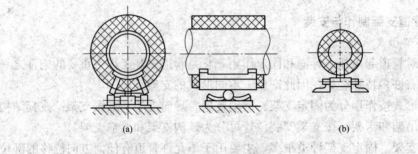

图 3-3 滚动支架

（a）滚珠支架；（b）滚柱支架

3）悬吊支架。悬吊支架分为普通吊架和弹簧吊架两种，适用于口径较小，无伸缩性或伸缩性极小的管道，如图 3-4 和图 3-5 所示。

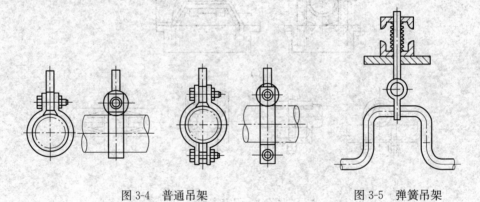

图 3-4 普通吊架   图 3-5 弹簧吊架

2. 管道支架、吊架加工制作

管道支架及吊架一般均按国家标准图集的规格加工制作，下面仅介绍吊卡、管卡的制作。

（1）吊卡制作。吊卡用作吊挂管道之用，一般用扁钢或圆钢制成，形状有整圆式、合扇式等。

用扁钢制作吊卡时，各种卡子内圆必须与管子外圆相符，对口部位要留有吊杆的空位；螺栓孔必须对中且光滑圆整，螺栓孔直径比螺栓大 2～3mm 为宜。整圆式吊卡下料尺寸一般为 $L = \pi D_w + 2 \times 50\text{mm}$，即管子外径（$D_w$）乘以 π，加上两个脖长 50mm。合扇式吊卡为 $L = \pi D_w + 4 \times 50\text{mm}$，一般用 40mm×4mm 扁钢制作。

扁钢下料以后，可以冷弯，也可以热揻，钻孔工序可放在最后完成，这样有利于对准螺栓孔眼。

圆铁吊卡多用于铸铁管、较大的黑铁管及无缝钢管的管道安装。下料方法与扁钢基本相同。但穿螺栓孔的部位不一样。扁钢吊卡是在扁钢上钻孔，而圆钢吊卡是用圆钢揻制螺栓圈，因此用料长度较扁钢长。揻制黑铁管圆钢吊卡时，下料尺寸可参考表 3-1。

表 3-1   黑铁管圆钢吊卡尺寸

管径 DN /mm	吊卡内直径 /mm	圆钢材料直径 /mm	管圆周长 /mm	减封口间距 /mm	整圆式				合扇式		
					脖长（2个）/mm	小圈内直径 /mm	小圈周长（2个）/mm	材料总长 /mm	脖长（2个）/mm	小圈周长（2个）/mm	材料总长 /mm
25	34	8	132	20	50	10	113	275	50	113	418
32	42.7	8	159	20	50	10	113	302	50	113	445
40	48.6	10	178	20	50	10	113	321	50	125	464
50	60.6	10	221	20	50	10	125	376	50	125	531
65	76.3	10	271	20	50	10	125	426	50	125	581
80	89.1	10	311	20	50	10	125	466	50	125	621
100	114.3	10	390.5	20	50	10	125	545.6	50	125	700.5
125	139.1	12	475	25	60	16	170	680	60	170	885
150	165.2	12	557	25	60	15	170	760	60	170	967
200	215.9	12	716	25	60	15	170	921	60	170	1126

（2）立管管卡制作。立管管卡有单立管卡和双立管卡两种。单立管卡类似扁钢吊卡，一头为鱼尾形相交相对，一头劈叉埋入建筑物中，然后用螺栓将管子固定，如图 3-6 所示。双立管卡是两个单立管卡连在一起的形式，它是用螺栓杆穿过卡子固定于建筑物上，如图 3-7 所示。

图 3-6   单管卡   图 3-7   双管卡

（3）U 形管卡制作。U 形管卡应用范围较广，主要用在支架上固定管子，也在活动支架上做向导用。制作固定管子时，卡圈必须与管子外径紧密吻合，拧紧固定螺母后，使管子牢固不动。做向导管卡用时，为利导向活动，卡圈可比管子外径大 2mm 左右。U 形管卡在管道安装中应用时常以圆钢制作，材料选用见表 3-2。

表 3-2 U 形管卡材料选用

管径 DN/mm	15	20	25	32	40	50	65	80	100	125	150
管卡直径/mm	8	8	8	8	10	10	10	12	12	16	16
管卡展开长/mm	116	132	148	183	200	231	272	304	366	430	518
螺 母	M8	M8	M8	M8	M10	M10	M10	M12	M12	M16	M16

制作 U 形管卡时，先按尺寸锯割下好料，然后夹在台虎钳上，用螺钉板套好丝扣（螺纹），最后搣成 U 形，即可使用。

3. 管道支架、吊架安装

（1）支架、吊架间距的确定。管道支架间距的确定应符合设计文件规定。当设计无规定时，钢管道支架可按表 3-3 选取，硬塑料管道的支架间距可按 1～2m 确定，塑料管横管支架的间距，见表 3-4。

表 3-3 钢管水平安装支架间距

公称直径/mm		15	20	25	32	40	50	70	80	100	125	150	200	250	300
支架间距 /m	无保温	2.5	3	3.5	4	4.5	5	6	6	6.5	7	8	9	10	10
	保温	1.5	2	2	2.5	3	3	4	4	4.5	5	6	7	8	8.5

表 3-4 塑料管水平安装支架间距

公称直径/mm	15	20	25	32	40	50	70	80	90	100
支架间距/m	0.4～0.5	0.45～0.6	0.5～0.8	0.6～1	0.7～1.1	0.8～1.2	0.9～1.3	1～1.5	1～1.8	1.1～2.0

确定支架间距时，应考虑管子、管子附件、保温结构及管道内介质重量对管子造成的应力和应变不得超过允许的范围。在较重的管道附件旁应设支架。固定支架位置由设计根据需要在图纸上确定，应符合表 3-5 的数值要求。

表 3-5 给排水立管固定支架间距

类 别	支架间距	
给水钢管	层高≤5m	各层间设一个固定支架
	层高>5m	各层间设两个固定支架
排水铸铁管	层高≤4m	各层间设一个固定支架
	层高>4m	各层间设两个固定支架
塑料管	每 1.2m 间隔设一个固定支架	

（2）支架、吊架安装一般要求。

1）管道支架安装前，应检查所要装的支架，支架的规格尺寸应符合设计要求。固定后的支架、吊架位置应正确，安装要平整牢固、与管子接触要求良好。

2）有坡度要求的管道，支架、吊架的标高、坡度必须符合设计要求。支架、吊架的坡度和标高应根据两点间的距离和坡度的大小，算出两点间的高差，然后两点间拉一条直线，按照支架的间距，在墙上或构筑物上画出每个支架的位置。

3）固定支架安装时，应严格按照设计要求安装，并在补偿器与拉伸前固定在无补偿装置、有位移的直管段上，不得安装一个以上的固定支架。

4）吊架安装时，吊杆要垂直，其吊杆长度能调节。

5）导向支架或滑动支架的滑动面应保持平整洁净，不得有歪斜和卡涩现象。安装位置应从支撑面中心向位移反向偏移，偏移值为位移值的一半。

弹簧支吊架的安装高度，应按设计要求调整，并作好记录。

（3）常用支架的安装。

1）直接埋入墙内的支架安装。先将埋设支架的孔洞内部清理干净，并用水浇湿，使用1∶3的水泥砂浆和适量的石子将支架栽入孔洞，确保支架水平后，再用水泥砂浆灌孔并捣实，水泥砂浆的面应略低于墙面，待土建做饰面工程时再找平。支架埋入墙内的部分不小于150mm，且应开脚，如图3-8所示。

2）预埋件焊接支架安装。钢筋混凝土构件上的支架，可在预制成现浇钢筋混凝土时，在支架的位置预埋钢板后，将支架横梁焊接在预埋的钢板上即可，如图3-9所示。

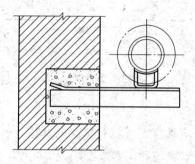

图 3-8　直接埋入墙内的支架安装

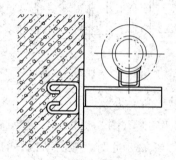

图 3-9　焊接在预埋钢板上的支架安装

3）用膨胀螺栓固定支架。在没有预留孔洞和预埋钢板的砖或混凝土构件上，可采用膨胀螺栓或射钉固定支架，但不宜安装推力较大的固定支架。

用膨胀螺栓安装支架时，首先在安装支架的位置处钻孔，钻成的孔必须与构件表面垂直，孔的直径与套管外径相等，深度为套和管长加15mm。然后将套管套在螺栓上，再将螺母带在螺栓上，将螺栓打入孔内，待螺母接触孔口时，用扳手拧紧螺母。随着螺母的拧紧，螺栓被向外拉动，螺栓的锥形尾部便把开口的套管尾部胀开，使螺栓和套管一起紧固在孔内。这样就可以在螺栓上安装支架横梁，如图3-10所示。

用射钉安装支架时，先用射钉枪将射钉射入安装支架的位置，然后用螺母将支架横梁固定在射钉上，如图3-11所示。

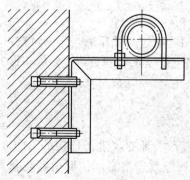

图 3-10　用膨胀螺栓安装的支架

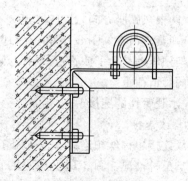

图 3-11　用射钉安装的支架

4）柱架的安装。首先清除支架表皮的粉尘，确定支架的安装位置并弹出水平线，然后用螺母固定。为确保支架水平及牢固，螺栓一定要上紧，如图 3-12 所示。

5）活动式支架安装。为了在管道运行中，允许管道沿轴线方向向安装补偿器一侧有热伸长的移动，应安装活动式支架。为了不致使活动支架偏移过多，或保持支架中心与支座中心一致，靠近补偿器两侧的几个支架应偏心安装，如图 3-13 所示。

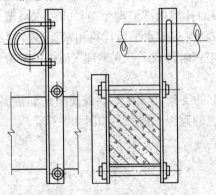

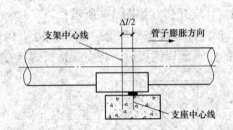

图 3-12　柱架的安装　　　　　　　图 3-13　补偿器两侧活动支架偏心安装图

（4）吊架的安装。

1）吊架安装（图 3-14）时，无热胀管道吊杆应垂直安装，有热胀的管道吊杆应向膨胀反方向倾斜 0.5Δ。此时，能活动偏移的吊杆长度一般为 20Δ，最少不得小于 10Δ（Δ 为水平方向位移的矢量和）。

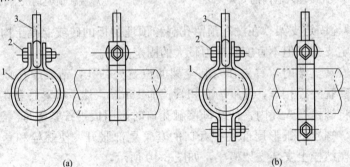

(a)　　　　　　　　　　　　　　(b)

图 3-14　吊架安装
1—管卡；2—螺栓；3—吊杆

2）两根热膨胀方向相反的管道，不能使用同一吊架。

3）弹簧支吊架（图 3-15 和图 3-16）。安装前需对弹簧进行预压缩，压缩量按设计规定。弹簧支架预压缩是为了使管道运行受热膨胀时，弹簧支架所承受的负荷正好等于设计时它所应承受的管道荷重。

3.1.2　水暖管道的连接

1. 螺纹连接

螺纹连接也称丝扣连接，是应用于管件螺纹、管子端外螺纹进行连接的。图 3-17 为螺纹连接的三种情况，图 3-18 为常见的管螺纹形状。管螺纹连接有圆柱形内螺纹套入圆柱形外螺纹、圆柱形内螺纹套入圆锥形和圆锥形接圆锥形三种情况。

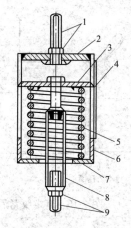

图 3-15　弹簧支吊架结构图

1—上吊杆及螺母；2—上顶板；3—弹簧压板；

4—铭牌；5—弹簧；6—圆管；7—下底板；8—花

篮螺栓；9—下拉杆及螺母

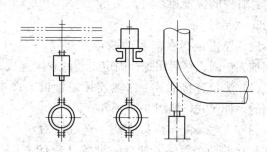

图 3-16　弹簧支吊架的几种形式

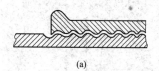 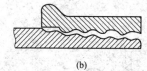 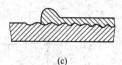

图 3-17　螺纹连接的三种情况

(a) 圆柱形接圆柱形；(b) 圆锥形接圆柱形；(c) 圆锥形接圆锥形

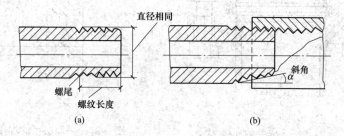

图 3-18　常见的管螺纹形状

(a) 圆柱形管螺纹；(b) 圆锥形管螺纹

　　一般螺纹处要加填料，为增加管子螺纹接口的严密性和维修时不致因螺纹锈蚀造成不易拆卸，因此，填料要既能充填空隙，又能防腐蚀。不得用多加填充材料来防止渗漏，以保证接口长久严密；管子螺纹不得过松。应注意的是填料在螺纹连接中只能用一次，若遇拆卸，应重新更换。

　　拧紧管螺纹应选用合适的管子钳，一般可按表 3-6 选用。不许采用在管子钳的手柄上加套管的方式来拧紧管子。

表 3-6　　　　　　　　　　　　　　　　　**管子钳的选用**

管子公称通径/in	1/2~3/4	3/4~1	1~2	2~3	3~4
适用管子钳规格/in	12	14	18	24	36

管螺纹拧紧后，应在管件或阀件外露出 1~2 扣螺纹，不能将螺纹全部拧入，多余的麻丝应清理干净并做防腐处理，如图 3-19 所示。上管件时，为避免倒拧要注意管件的位置和方向。

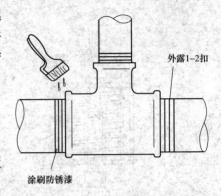

图 3-19　管螺纹拧紧后处理

2. 法兰连接

法兰连接是指在需要的两端先焊接一对法兰盘，中间加入垫圈，然后用螺栓固定，使两管段连成一体。

（1）法兰连接形式。法兰连接是管道连接中广泛应用的一种形式，如图 3-20 所示。

（2）法兰装配与焊接方法。选好一对法兰，分别装在相接的两个管端，如有的设备已带有法兰，则选择同规格的法兰装在要连接的管道。将法兰套在管端后要注意两边法兰螺栓孔是否一致，先点焊一点，校正垂直度，最后将法兰与管子焊接牢固。平焊法兰的内、外两面都必须与管子焊接，焊接尺寸要求如图 3-21 所示。管端不可插入法兰内过多，要根据管壁厚留出余量。

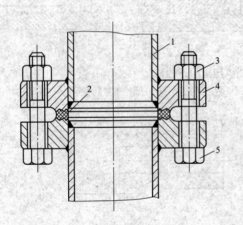

图 3-20　法兰的连接

1—管子；2—垫片；3—螺母；4—法兰；5—螺栓

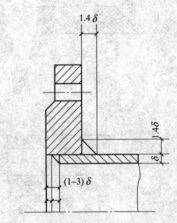

图 3-21　平焊法兰的焊接形式与尺寸

（3）铸铁螺纹法兰连接要点。这种连接方法多用于低压管道，它是用带有内螺纹的法兰盘与套有同样公称直径螺纹的钢板连接。连接时，在套丝的管段缠上油麻丝，涂抹上铅油填料。把两个螺栓穿在法兰的螺孔内，作为拧紧法兰的力点，然后将法兰盘拧紧在管端上。连接时法兰一定要拧紧，成对法兰盘的螺栓孔要对应。

（4）铜管法兰连接要点。铜管法兰连接具有拆卸方便、连接强度高、严密性好等优点，主要用于需要拆卸的部位和连接法兰的阀件、设备、仪表等处。

为保证法兰密封面垂直于管子中心线，可在点焊后用钢角尺或法兰尺检测，见表 3-7 及图 3-22。检测点应在管子圆周上间隔 120°选三个点。将两个法兰拧紧后，两个密封面应相互平行，用塞尺检查直径方向对称的两点，最大与最小间隙之差 $a-b$ 如图 3-23 所示不得大于表 3-8 的规定。

表 3-7　　　　　　　　　　　　　法兰允许偏斜度

公称直径 DN/mm	100～250	300～350	400～500
允许偏斜度 a/mm	±4	±5	±6

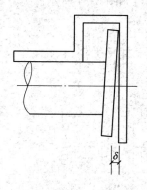
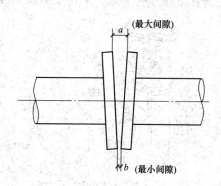

图 3-22　使用法兰靠尺检查偏斜度　　图 3-23　法兰密封面平行允许偏差值

表 3-8　　　　　　　　　　　　法兰密封面平行度的允许偏差

公称直径 DN/mm	在下列公称压力 PN 下的允许偏差 a－b/mm		
	PN<1.6MPa	PN=1.6～4.0MPa	PN>4.0MPa
≤100	0.2	0.1	0.05
>100	0.3	0.15	0.05

　　法兰垫圈多为现场加工，制垫时法兰平放，光滑密封面朝上，将石棉橡胶板等板材盖在密封面上，用手锤沿密封面外边缘轻轻敲打出垫片外轮廓线，用手锤沿管孔边缘敲打出垫片内轮廓线，再用凿子或剪刀裁制，也可用圆规划线后裁制。法兰垫片的内径不得大于法兰内径而突入管内，法兰垫片的外径最好等于法兰连接螺孔内边缘所在的圆周直径，并留有一个"尾巴"。

　　垫片应根据输送介质的不同分别选用，一般冷水管道采用普通胶板，热水管道采用耐热胶皮，蒸汽管道采用石棉橡胶板。垫片内径不应小于管子内径，垫片外径不得妨碍螺栓穿过法兰螺栓孔，法兰用软垫片材料及适用范围见表 3-9。

表 3-9　　　　　　　　　　　　法兰用软垫片材料及适用范围

垫片材料	适用介质	最高工作压力 /MPa	最高工作温度 /℃
橡胶板	水、惰性气体	0.6	60
夹布橡胶板	水、惰性气体	1.0	60
低压橡胶石棉板	水、惰性气体、压缩空气、蒸汽、煤气	1.6	200
中亚橡胶石棉板	水、惰性气体、压缩空气、蒸汽、煤气、酸、碱稀溶液	4.0	350
高压橡胶石棉板	惰性气体、压缩空气、蒸汽、煤气	10.0	450
耐酸石棉板	有机溶剂、碳氢化合物、硝酸、盐酸、硫酸等	0.6	300
软聚氯乙烯板	水、压缩空气、酸、碱稀溶液	0.6	50
耐油橡胶石棉板	油品、溶剂	4.0	350

安装时先穿上几个螺栓，然后把垫片放入，只要垫片顶到螺栓上，就说明已安放好，"尾巴"留在法兰盘外，便于拿放。为防止日后垫片粘在法兰密封面上难以拆卸，安装前在垫片两面抹石墨粉（俗称铅粉）与机油的调和物，切忌用白铅油，法兰连接时衬垫不得凸入管内，其外边缘接近螺栓孔为宜。不得安放双垫或偏垫，如图 3-24 所示。

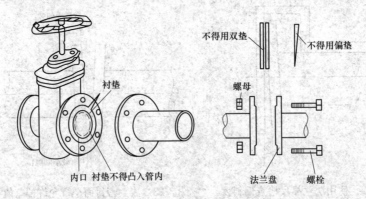

图 3-24　法兰衬垫安装

法兰穿入螺栓方向应一致，拧紧法兰须使用合适的扳手，并分 2～3 次进行。拧紧的顺序也应对称、均匀地进行拧紧。螺栓长度以拧紧后端部伸出螺母长度不大于螺栓直径的一半，且不少于两个螺纹为宜。

3. 承插连接

承插连接是把填料捻打到承插口间隙里，使之密实的一种连接方式，又称捻口，如图 3-25 所示。捻口也是管工的基本操作之一，目前捻口仍为手工操作，使用的工具是手锤和捻凿。

铸铁管承插式接口的基本形状如图 3-26 所示。

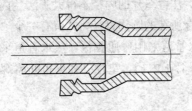

图 3-25　承口及插口

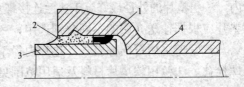

图 3-26　铸铁管承插式接口基本形状
1—油麻或胶圈；2—填料；3—插口；4—承口

根据填料不同，承插连接接口有石棉水泥接口、青铅接口、膨胀水泥砂浆接口和水泥砂浆接口等形式。

承插连接接口前，应检查和清理管子并检查管内有无泥沙等杂物，同时对管口进行清理。

将油麻拧成直径为接口间隙 1.5 倍的麻辫，其长度应比管外径周长长 100～150mm，由接口下方逐渐向上塞进间隙中间。一般嵌塞油麻两圈，并打实。填麻深度为承口深度的 1/3 为宜。

当管径不小于 300mm 时，可用胶圈代替油麻。操作时由下而上逐渐用捻凿贴插口壁把胶圈打入承口内。为避免扭曲或产生麻花疙瘩，捻入胶圈时应使其均匀滚支到位，为防止高温液体把胶圈烫坏，采用青铅接口时，必须在捻入胶圈后再捻打 1～2 圈油麻。表 3-10 为油麻的填打程序及打法。打麻操作如图 3-27 所示。

表 3-10　　　　　　　　　　　　　　　　　油麻的填打程序及打法

圈次	第一圈		第二圈			第三圈		
次	第一遍	第二遍	第一遍	第二遍	第三遍	第一遍	第二遍	第三遍
击数	2	1	2	2	1	2	2	1
打法	挑打	挑打	挑打	平打	平打	贴外口打	贴里口打	平打

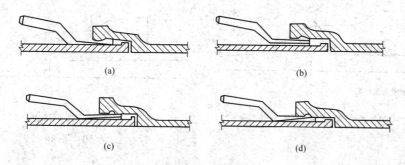

图 3-27　打麻操作

(a) 贴里口打；(b) 平打；(c) 贴外口打；(d) 挑打

（1）石棉水泥接口。石棉水泥接口属于刚性连接，不适于地基不均匀、沉陷和湿度变化的情况。图 3-28 为石棉水泥接口形式。

石棉水泥是采用具有一定纤维长度的 Ⅳ 级石棉和 42.5 级以上硅酸盐水泥拌和而成，其施工配合比为石棉∶水泥＝3∶7，加水量为石棉水泥总量的 10％ 左右，视气温与大气湿度酌情增减水量。拌和时，先将石棉与水泥干拌，拌至石棉水泥颜色一致，然后将定量的水徐徐倒进，随倒随拌，拌匀为止，以能用手握成团不松散，扔地上即散为合格。用水拌好的石棉水泥应 1h 内用完，否则超过水泥初凝时间且影响接口效果。

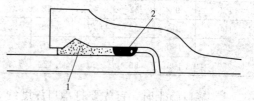

图 3-28　石棉水泥接口形式

1—石棉水泥；2—麻

打口时，应将石棉水泥填料分层填打，每层实厚不大于 25mm，灰口深在 80mm 以上采用四填十二打，即第一次填灰口深度的 1/2，打三遍；第二次填灰深约为剩余灰口的 2/3，打三遍；第三次填平打三遍；第四次找平打三遍。如灰口深为 60～80mm 者可采用三填九打。打好的灰口要比承口端部凹进 2～3mm，当听到金属回击声，水泥发青析出水分，若用力连击三次，灰口不再发生内凹或掉灰现象，接口作业即告结束。

在接口完毕之后，为了提供水泥的水化条件，应立即在接口处浇水养护，养护时间为 1～2d，养护方法是：春秋两季每天浇水两次；夏天在接口处盖湿草袋，每天浇水四次；冬天在接口抹上湿泥，覆土保温。

（2）膨胀水泥砂浆接口。膨胀水泥砂浆接口是在接口处按石棉水泥接口的填麻方法打麻辫，再进行膨胀水泥砂浆填塞。膨胀水泥在水化过程中体积膨胀，增加其与管壁的黏着力，提高水密性，而且产生封密性微气泡，提高接口抗渗性能。膨胀水泥接口如图 3-29 所示。

拌和膨胀水泥砂浆的重量比为砂：膨胀水泥：水＝1：1：0.32，气温高或风较大时，用水量可略增大，但不宜超过 0.35。

膨胀水泥接口时，由于拌和好的水泥砂浆会膨胀，从而使管子插口处产生一定的内应力，因此，在承插管壁较薄的排水铸铁管时，要适当改变水泥与砂子的搭配比例。操作时，为避免渗漏，一定不能使填料中留有空隙。

（3）青铅接口。青铅接口具有较好的刚性、抗震性和弹性，且接口不需养护，口捻好后可立即通水，但成本较高，青铅接口如图 3-30 所示，接口材料用量见表 3-11。

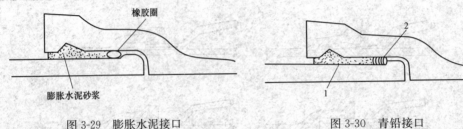

图 3-29　膨胀水泥接口　　　　　　　　图 3-30　青铅接口

　　　　　　　　　　　　　　　　　　　　　　　1—铅；2—麻

表 3-11 青铅接口材料用量

管径 DN /mm	承口深度 /mm	填铅深度 /mm	填麻深度 /mm	油麻 /kg	青铅 /kg	管径 DN /mm	承口深度 /mm	填铅深度 /mm	填麻深度 /mm	油麻 /kg	青铅 /kg
75	90	52	38	0.106	2.518	300	105	55	50	0.499	9.14
100	95	52	43	0.151	3.107	350	110	55	55	0.611	10.55
125	95	52	43	0.18	3.703	400	110	55	55	0.665	11.95
150	100	52	48	0.239	4.343	450	115	60	55	0.827	13.34
200	100	52	48	0.307	5.557	500	115	55	55	0.916	18.05
250	105	55	50	0.422	7.745	600	120	60	60	1.211	21.48

1）接口施工时，首先要打承口深度约一半的油麻，然后用卡箍或涂抹黄泥的麻辫封住承口，并在上部留出浇铅口。

2）卡箍是用帆布做的，宽度及厚度各约 40mm，卡箍内壁斜面与管壁接缝处黄泥抹好。

3）青铅的牌号通常用 Pb—6，含铅量应在 99％以上。铅在铅锅内加热熔化至表面呈紫红色，铅液表面漂浮的杂质应在浇注前去除。

4）向承口内灌铅使用的容器应进行预热，以免影响铅液的温度或黏附铅液。

5）向承口内灌铅应徐徐进行，使其中的空气能顺利排出。一个接口的灌铅要一次完成，不能中断。

6）待铅液完全凝固后，即可拆除卡箍或麻辫，再用手锤和捻凿打实，直至表面光滑并凹入承口内 2～3mm。

7）青铅接口操作过程中，要防止铅中毒。

8）在灌铅前，承插接口内必须保持干燥，不能有积水，否则灌铅时会爆炸伤人。如果在接口内先灌入少量机油，可以起到防止铅液飞溅的作用。

（4）水泥砂浆接口。水泥砂浆接口主要用于混凝土及钢筋混凝土管的连接，为刚性接口，如图 3-31 所示。

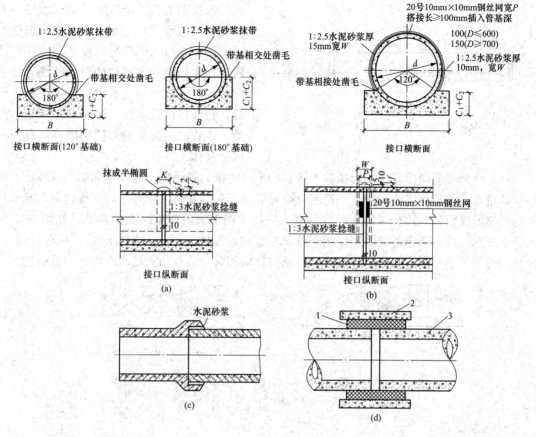

图 3-31 水泥砂浆接口

（a）水泥砂浆抹带接口；（b）钢丝网水泥砂浆抹带接口；（c）水泥砂浆承插接口；（d）水泥砂浆套环接口

1—石棉水泥；2—套管；3—管壁

（5）橡胶圈滑入式接口。橡胶圈滑入式接口是一种以一定断面形式的橡胶圈作为填料的接口形式，目前，我国使用的橡胶圈有以下两种形式。

1）梯唇形橡胶圈。它的梯形部分嵌在承口凹槽里起定位作用，在管道的内压下，橡胶圈基本不产生移动；唇形部分是起密封作用的部分，如图 3-32 所示。

2）楔形橡胶圈。它与前者所不同的是，没有专门起定位作用的部分。在管道的内压下，橡胶圈被向外推，但由于其断面呈楔形，使它进一步被压缩，产生很好的自密封性，如图 3-33 所示。

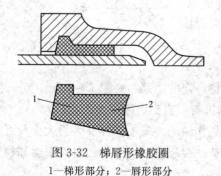

图 3-32 梯唇形橡胶圈

1—梯形部分；2—唇形部分

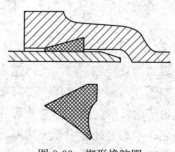

图 3-33 楔形橡胶圈

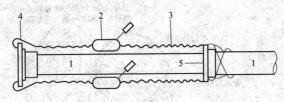

图 3-34　橡胶圈滑入式接口施工

1—铸铁管；2—倒链（紧绳器）；3—钢丝绳；

4—钩子；5—管口

橡胶圈滑入式接口施工前按前述的方法把管口清理干净，然后把清洗好的橡胶圈安放在承口的凹槽里，使之切实贴合严密。在橡胶圈的内侧和插口的外壁上涂上润滑剂，使插口对准承口，用倒链或紧绳器，把插口拉进承口，如图 3-34 所示。因此，小管径的管子只需使用撬杠就可完成以上操作。

（6）楔形橡胶圈接口。楔形橡胶圈接口的承口内壁为斜形槽，插口端部加工成坡形。这种接口抗震性能良好，能加快施工进度，减轻劳动强度。安装时先在承口斜槽内嵌入起密封作用的楔形橡胶圈，再行对口使插口对准承口而使楔形橡胶圈紧固在接口处，如图 3-35 所示。由于承口内壁斜形槽的限制作用，胶圈在管内水压的作用下与管壁压紧，具有自密性，使接口对于承插口的椭圆度、尺寸公差、插口轴向相对位移及角位移具有很好的适应性。

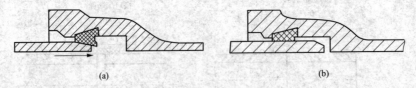

(a)　　　　　　　　　　　　　　(b)

图 3-35　承插口楔形橡胶圈接口

(a) 起始状态；(b) 插入后状态

4. 焊接连接

焊接常用于大直径钢管、埋地钢管、架空钢管，敷设在地沟内钢管的连接。这种连接接头的优点是接头牢固、紧密不漏水、强度高、严密性好、施工速度快，不需要接头配件，成本低，使用后不需要经常管理等。常用的焊接方法有电焊（手工电弧焊）和气焊（氧-乙炔焊）两种。

（1）手工电弧焊。手工电弧焊是利用焊条和焊件之间产生的焊件电弧来加热并熔化待焊处的母材金属或焊条以形成焊缝的，如图 3-36 所示。

手工电弧焊的基本操作包括引弧、运条、焊道的连接和焊道的收尾。

1）引弧。手工电弧焊时，引燃电弧的过程叫作引弧。手工电弧焊的引弧方法有两种，即直击法引弧和划擦法引弧。

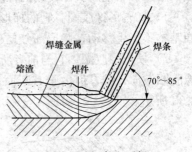

图 3-36　焊条电弧焊

① 直击法引弧。手工电弧焊开始前，先将焊条末端与焊件表面垂直轻轻一碰，便迅速提起焊条，并保持一定的距离，一般 2～4mm，电弧随之引燃。如图 3-37 所示，如果一次不成功，可以继续进行，直到电弧引燃为止。

直击法引弧的优点是不会使焊件表面造成电弧划伤缺陷，又不受焊件表面大小及焊件形状的限制；不足之处是引弧成功率低，焊条与焊件往往要碰击几次才能使电弧引燃和稳定燃烧，操作不容易掌握。

② 划擦法引弧。划擦法引弧与划火柴相似。先将焊条末端对准焊接位置，然后将焊条在其表面划擦一下，电弧引燃后立即使焊条末端与焊接位置表面保持 2～4mm 的距离，电弧就能稳定燃烧（图 3-38），一般引弧的起点位置为焊接方向离焊缝起点 10mm 左右的坡口处。

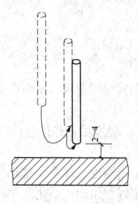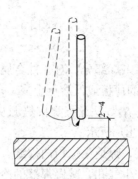

图 3-37　直击法引弧　　　　　　　　　　图 3-38　划擦法引弧

这种引弧方法具有电弧易燃烧，操作简单，引弧效率高的特点，但容易损害焊件表面，有电弧划伤痕迹，因此在焊接正式产品时较少采用。

2）运条。焊条运条包括沿焊条轴线的送进、沿焊缝轴线方向纵向移动和横向摆动三个动作。

3）焊道的连接。长焊道焊接时，受焊条长度的限制，一根焊条不能焊完整条焊道时，要求每根焊条所焊的焊道相连接，以确保焊道连续性，这个连接处称为焊道的接头。技术纯熟的焊工焊出的焊道接头无明显接头痕迹，就像一根焊条焊出的焊道一样平整、均匀。在保证焊缝连续性的同时，还要使长焊道焊接变形最小。常用的焊道接头方法有直通焊法、由中间向焊缝两端对称焊法、分段退焊法和由中间向两端退焊法等。

4）焊道的收弧。焊道的收弧是指一条焊缝结束时采用的收弧方法。如果焊缝收弧采用立即拉断电弧收弧，则会形成低于焊件表面的弧坑，极易形成弧坑裂纹和产生应力集中。因此，手工电弧焊焊缝收弧方法包括划圈收弧法、回焊收弧法和反复熄弧、引弧法等。

（2）气焊。气焊是指利用气体火焰做热源的焊接方法。最常用的有氧气乙炔焊、氧气丙烷（液化石油气体）焊、氢氧焊等。

1）焊缝的起焊。气焊在起焊时，由于焊件温度低，为了利于焊件预热，焊嘴倾斜角应大些。同时，为方便起焊处加热均匀，气焊火焰在起焊部位应往复移动，当起焊点处形成白亮且清晰的熔池时，即可加入焊丝（或不加入焊丝），并向前移动焊嘴进行焊接。

如果两焊件厚度不同，为防止熔池离开焊缝正中央而偏向薄板的一侧，气焊火焰应稍微偏向厚板一侧，使焊缝两侧温度一致。

2）左焊法和右焊法。气焊操作时，根据焊嘴的移动方向和焊嘴火焰指向的不同，可分为左焊法和右焊法，两种操作方法如图 3-39 所示。

① 左焊法。左焊法是指焊接热源从接头的右端向左端移动，并指向待焊部分的操作方法，如图 3-39（a）所示。

这种焊接法，使气焊工能够清楚地看到熔池边缘，因此能焊出宽度均匀的焊缝。由于焊

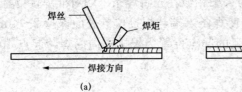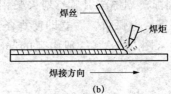

图 3-39　左焊法和右焊法示意图

(a) 左焊法；(b) 右焊法

炬火焰指向焊件未焊部分，对工件金属有预热作用，因此焊接薄板时，生产效率高。适用于焊接 5mm 以下的薄板或低熔点金属。

② 右焊法。右焊法是指焊接热源从接头的左端向右端移动，并指向已焊部分的操作方法，如图 3-39 (b) 所示。

这种焊接法，焊炬火焰指向焊缝，火焰可以罩住整个熔池，保护了熔化金属，防止焊缝金属的氧化和产生气孔，减慢焊缝的冷却速度，改善了焊缝组织。适用于厚度大、熔点较高的工作。

3) 焊丝的填充。为获得外观漂亮、内部无缺陷的焊缝，在整个焊接过程中，气焊工要观察熔池的形状，尽力使熔池的形状和大小保持一致。并且要将焊丝末端置于外层火焰下进行预热。焊件预热至白亮且出现清晰的熔池后，将焊丝熔滴送入熔池，并立即将焊丝抬起，让火焰继续向前移动，以便形成新的熔池，然后再继续向熔池加入焊丝，如此循环，即形成焊缝。

在焊接薄件或焊件间隙大的情况下，应将火焰焰心直接指在焊丝上，使焊丝阻挡部分热量。焊炬上下跳动，阻止熔池前面或焊缝边缘过早熔化下塌。

4) 焊炬和焊丝的摆动方式与幅度。焊炬和焊丝的摆动方式与幅度主要与焊件厚度、金属性质、焊件所处的空间位置及焊缝尺寸等有关。焊炬和焊丝的摆动基本有三个动作。

① 沿焊接方向移动，不间断地熔化焊件和焊丝，形成焊缝。

② 焊炬沿焊缝作横向摆动，使焊缝边缘得到火焰的加热，并很好地熔透，同时借助火焰气体的冲击力把液体金属搅拌均匀，使熔渣浮起，从而获得良好的焊缝成形，同时还可避免焊缝金属过热或烧穿。

③ 焊丝在垂直于焊缝的方向送进并作上下移动，如在熔池中发现有氧化物和气体时，可用焊丝不断地搅动金属熔池，使氧化物浮出和气体排出。

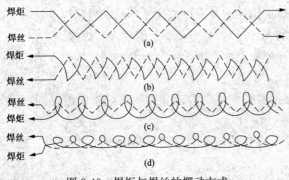

图 3-40　焊炬与焊丝的摆动方式

平焊时常见的焊炬和焊丝的摆动方式如图 3-40 所示。

5) 焊缝接头。焊缝接头是指在焊接过程中，更换焊丝停顿或某种原因中途停顿再继续焊接。在焊接接头时，应当用火焰将原熔池周围充分加热，将已冷却的熔池重新熔化，形成新的熔池后，即可加入焊丝。此时要特别注意，新加入的焊丝熔滴与被熔化的原焊缝金属之间必须充分熔合。在焊接重要焊件时，为得到强度大、组织致密的焊接接头，接头处必须与原焊缝重叠 8～10mm。

6）焊缝起头、连接和收尾。

①焊缝起头。由于刚开始焊接，焊件起头温度低，焊矩的倾斜角应大些，对焊件进行预热并使火焰往复移动，应一边加热一边观察熔池的形成，待焊件表面开始发红时将焊丝端部置于火焰后进行预热，以保证焊处加热均匀，一旦形成熔池立即将焊丝伸入熔池，焊丝熔化后即可移动焊矩和焊丝，并相应减少焊炬倾斜角进行正常焊接。

②焊缝连接。在焊接过程中，因中途停顿又继续施焊时，应用火焰把连接部位 5～10mm 的焊缝重新加热熔化，形成新的熔池再加少量焊丝或不加焊丝重新开始焊接，连接处应保证焊透和焊缝整体平整及圆滑过渡。

③焊缝收尾。当一条焊缝焊接至终点，结束焊接的过程称为收尾。此时由于焊件温度较高，散热条件差，为防止熔池面积扩大，避免烧穿，需要减小焊炬的倾斜角，加快焊接速度，并多加入一些焊丝。在收尾时，可用温度较低的外焰保护熔池，直至将终点熔池填满，火焰才可缓慢离开熔池以防止空气中的氧气和氮气侵入熔池。气焊收尾时要做到焊炬倾角小、焊接速度快、填充焊丝多，熔池要填满。

7）熔后处理。焊后残存在焊缝及附近的溶剂和焊渣要及时进行清理，否则会腐蚀焊件。应先在 60～80℃ 热水中用硬毛刷洗刷焊接接头，重要构件洗刷后再放入 60～80℃、质量分数为 2%～3% 的铬酐水溶液中浸泡 5～10min，然后再用硬毛刷仔细洗刷，最后用热水冲洗干净。

清理后若焊接接头表面无白色附着物即可认为合格，或用质量分数为 2% 硝酸银溶液滴在焊接接头上，若没有产生白色沉淀物，即说明清洗干净。

5. 塑料焊接

塑料焊接分为塑料管热熔压焊接和塑料管热风焊接两种，其焊口形式有插口、套管和对接三种形式。

（1）塑料管热熔压焊接。

1）对口。被焊接管子在焊接前管口要刨平，且牢固地夹在夹具上，被焊管子的管口要对正，且管间隙不大于 0.7mm。

2）焊接。接通加热器电源，将管端脱脂，用电加热盘熔化焊接表面 1～2mm 厚的塑料，去掉加热盘后，迅速施压使熔融表面连成一体，持续 3～10min，直至冷却即可。

（2）塑料管热风焊接。

1）坡口和对口。焊接的管端开 60°～80° 的坡口，并留有 1mm 的钝边，对口间隙为 0.5～1.5mm，焊缝干燥清洁。

2）焊接。焊接时焊条与焊缝保持垂直，手指在距焊接点 100～120mm 处握焊条，对焊条施力要小。焊炬喷嘴与焊条的夹角保持在 45° 左右，焊接过程中均匀摆动焊炬。使用的压缩空气应保持在 50～100kPa，焊接气流温度控制 200～250℃，焊接速度控制在 120～250mm/min。

3.1.3　水暖管道保温与防腐

1. 管道保温的要求

管道保温应满足以下要求：

(1) 管道保温厚度应该符合设计规定，厚度允许偏差为 5%～10%。

(2) 管道保温时，应粘贴紧密，表面应平整，圆弧应均匀，无环形断裂。表面平整度，采用卷材和板材时，每米允许偏差 5mm；涂抹或其他做法允许偏差为 10mm。

(3) 管道保温采用硬质保温瓦时，在直线管段上，应每隔 5～7m 留一条膨胀缝，膨胀缝的间隙为 5mm，弯管处也应留出膨胀缝，须用柔性保温材料填充，如使用石棉绳或玻璃棉，管道弯管处留膨胀缝的位置如图 3-41 所示。

(4) 采用保温瓦保温时，其接缝应错开；用矿渣棉保温时，厚度须均匀平整，接头要搭平，绑扎牢固；用草绳石棉灰保温时，应先在管壁上涂抹石棉灰后缠草绳，不准草绳接触管壁。

(5) 绑扎保温瓦时，必须用镀锌铁丝，在每节保温瓦上应绑扎两道。当管径为 25～100mm 时，用 18 号铁丝；管径为 125～200mm 时，用 16 号铁丝。

(6) 垂直管道做保温层，当层高小于或等于 5m 时，每层应设 1 个支撑托板，层高大于5m 时，每层支撑托板应不少于 2 个。

(7) 管道附件保温时，法兰、阀门、套管伸缩器等不应保温。两侧应留出 70～80mm间隙，在保温层端部抹 60°～70°的斜坡。在管道支架处应留出伸缩活动量，填以石棉绳。

(8) 保温层外应做保护层，采用铁皮做保护层时，纵缝搭扣应朝下，铁皮的搭接长度环形为 30mm。采用石棉水泥或麻刀石灰做保护层时，其厚度为管道不小于 10mm，设备、容器不小于 15mm。弯管处铁皮保护层应做成虾米腰形状，其形状如图 3-42 所示。

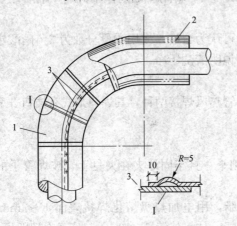

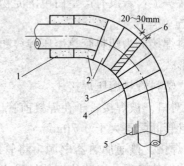

图 3-41　管径≤200mm 的弯管膨胀缝位置
1—0.5mm 铁皮保护层；2—保温层；
3—半圆头自攻螺钉

图 3-42　弯管铁皮保护层结构
1—保温瓦；2—梯形保温块；3—玻璃布；
4—镀锌钢丝；5—色漆或冷底子油

(9) 保温管道最外层缠玻璃丝布时，应以螺旋状绕紧，前后搭接 40mm，垂直管道应自下而上绕紧，每隔 3m 及布带的两端均应用直径为 1mm 的镀锌铁丝绑扎一圈。管道采用玻璃布油毡，其横向搭接缝用稀释沥青黏合，纵向搭接缝口应向下，缝口搭接 50mm，外面用镀锌铁丝或钢带扎紧。

2. 管道保温结构形式

管道保温层一般由三部分组成，即绝热层、防潮层和保护层。常见的施工方法有涂抹法、预制块法、缠包法和填充法。其结构形式如图 3-43～图 3-46 所示。

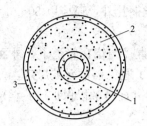

图 3-43　涂抹式保温结构
1—管道；2—涂抹保温层；3—保护层

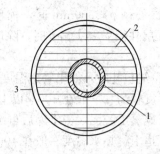

图 3-44　缠包式保温结构
1—管道；2—缠包保温层；3—保护层

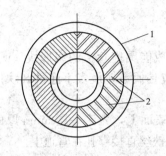

图 3-45　预制装配式保温结构
1—保护层；2—预制件

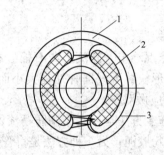

图 3-46　填充式结构
1—保护壳；2—保温材料；3—支撑环

3. 管道保温层施工方法

（1）涂抹法。

1）将石棉硅藻土或碳酸镁石棉粉用水调成胶泥待用。

2）再用六级石棉和水调成稠浆并涂抹在已涂刷防锈漆的管道表面上，涂抹厚度为 5mm 左右。

3）等该涂抹底层干燥后，再将待用胶泥往上涂抹。涂抹应分层进行，每层厚度为 10～15mm。前一层干燥后，再涂抹后一层，直到获得所要求的保温厚度为止。管道转弯处保温层应有伸缩缝。

4）施工直立管道段的保温层时，应先在管道上焊接支承环，然后再涂抹保温胶泥。支承环由 2～4 块宽度等于保温层厚度的扁钢组成。当管径 $\phi<150$mm 时，可直接在管道上捆扎几道铁丝作为支承环。支承环的间距为 2～4m。

5）进行涂抹式保温层施工时，其环境温度应在 0℃以上。可向管内通入不大于 150℃的蒸汽，以加快干燥速度。

（2）缠包法。

1）先将矿渣棉毡或玻璃棉毡按管道外圆周长加搭接长度剪成条块待用。

2）把按管子规格剪成的条块缠包在已涂刷防锈漆的相应管径的管道上。缠包时应将棉毡压紧，如一层棉毡厚度达不到保温厚度，可用两层或三层棉毡。

3）缠包时，应使棉毡的横向接缝结合紧密，如有缝隙，应用矿渣棉或玻璃棉填塞；其纵向接缝应放在管道顶部，搭接宽度为 50～300mm（按保温层外径确定）。

4）当保温层外径 $\phi<500\mathrm{mm}$ 时，棉毡外面用 $\phi1\sim1.4$ 镀锌钢丝包扎，间隔为 $150\sim200\mathrm{mm}$；当保温层外径 $\phi>500\mathrm{mm}$ 时，除用镀锌铁丝捆扎外，还应以 $30\mathrm{mm}\times30\mathrm{mm}$ 镀锌铁丝网包扎。

5）使用稻草绳包扎时，如果管道温度不高，可直接缠绕在管道上，外面做保护层。如管道输送介质温度较高（一般在 $100℃$ 以上）时，为了避免稻草绳被烤焦，可先在管道上涂石棉水泥胶泥或硅藻土胶泥，待干燥后再缠稻草绳，外面再敷以保护层。稻草绳主要用于热水采暖系统的管道上，热水温度一般在 $100℃$ 以下。

6）使用石棉绳（带）时，可将石棉绳（带）直接缠绕在管子上，根据保温层厚度及石棉绳直径可缠一层或两层，两层之间应错开，缝内填石棉泥，外面也可不做保护层。石棉泥保温可用在高温蒸汽管道或临建工程上，主要为了施工和拆卸方便，一般可用在小直径热水管道上。

（3）预制块法。

1）将泡沫混凝土、硅藻土或石棉蛭石等预制成能围抱管道的扇形块（或半圆形管壳）待用。构成环形块数可根据管外径大小而定，但应是偶数，最多不超过 8 块；厚度不大于 $100\mathrm{mm}$，否则应做双层。

2）一种施工方法是在已涂刷防锈漆的管道外表面上，先涂一层 $5\mathrm{mm}$ 厚的石棉硅藻土或碳酸镁石棉粉胶泥；另一种方法是将管壳用镀锌铁丝直接绑扎在管道上。

3）将待用的扇形块按对应规格装配到管道上面。装配时应使横向接缝和纵向接缝相互错开；分层保温时，其纵向缝里外应错开 $15°$ 以上，而环形对缝应错开 $100\mathrm{mm}$ 以上，并用石棉硅藻土胶泥将所有接缝填实。

4）预制块保温可用有弹性的胶皮带临时固定；也可用胶皮带按螺旋形松缠在一段管子上，再顺序塞入各种经过试配的保温材料，并用 $\phi1.2\sim1.6$ 的镀锌钢丝或薄铁皮箍（$20\mathrm{mm}\times1.5\mathrm{mm}$）将保温层逐一固定，方可解下胶皮带移至下一段管上进行施工。

5）当绝热层外径 $\phi>200\mathrm{mm}$ 时，应用 $30\mathrm{mm}\times50\mathrm{mm}\sim50\mathrm{mm}\times50\mathrm{mm}$ 镀锌铁丝网对其进行捆扎。

6）在直线管段上，每隔 $5\sim7\mathrm{m}$ 应留一膨胀缝，间隙为 $5\mathrm{mm}$。在弯管处，管径 $\phi\leqslant300\mathrm{mm}$ 时，应留一条膨胀缝，间隙为 $20\sim30\mathrm{mm}$。膨胀缝须用柔性保温材料（石棉绳或玻璃棉）填充。

（4）填充法。施工时，在管壁固定好圆钢制成的支承环，环的厚度和保温层厚度相同，然后用铁皮、铝皮或钢丝网包在支承环的外面，再填充保温材料。

填充法也可采用多孔材料预制成的硬质弧形块作为支撑结构，其间距约为 $900\mathrm{mm}$。平织钢丝网按管道保温外周尺寸裁剪下料，并经卷圆机加工成圆形，才可包覆在支撑圆周上进行矿渣棉填充。

填充保温结构宜采用金属保护壳。

4．防腐涂料施工

（1）表面处理。对于未刷过底漆的管道，应先做表面清理，一般是除油和除锈。

1）除油。管道表面粘有较多油污时，可用汽油或 5% 的苛性钠溶液清洗，干燥后再做除锈。

2）除锈。常用的除锈方法有手工、机械和酸洗三种。

（2）涂料的刷涂。涂漆一般采用刷漆、喷漆、浸漆、烧漆等方法。管道工程中主要采用的刷涂方法是手工涂刷和喷涂方法。

1）手工涂刷。手工涂刷是指用 70mm 或 100mm 油漆刷子，在干燥的金属表面上涂刷。涂刷时，涂料要均匀地涂抹在管子外表面上，自上而下，从左到右，先里后外，先斜后直，先难后易，纵横交错地进行，使油漆全部覆盖金属表面上。手工涂刷方法常用于给排水、管道支架等工程中。

2）喷涂。常用的有压缩空气喷涂、静电喷涂和高压喷涂。

① 压缩空气喷涂。压缩空气喷涂是利用压缩空气为动力，用喷枪将涂料喷成雾状，均匀喷涂在工作表面上的喷涂方法。采用压缩空气喷涂时，喷嘴与喷涂面要保持 250～350mm 的距离；当喷涂面为弧形面时，喷嘴与喷涂面的距离约为 400mm。喷嘴喷射出的漆流，应与喷涂面保持垂直，移动喷嘴时，移动速度保持在 10～18m/min。压缩空气压力一般为 0.2～0.4MPa。

② 静电喷涂。静电喷涂是指运用静电喷涂设备，使被涂件带一种电荷，从喷漆器喷出的涂料带有另一种电荷，由于两种异性电荷相互吸引，使雾状涂料均匀地涂在物件上。适用于大批量的涂件施工。

③ 高压喷涂。高压喷涂是一种新型喷漆方法。将调和好的涂料通过加压后的高压泵压缩，从专用喷枪喷出。根据涂料黏度的大小，使用压力可为 0.5～5MPa。喷料喷出后剧烈膨胀，雾化成极细漆粒喷涂在物件上。这种方法不仅减少了漆雾，节省涂料，而且提高了涂层质量。

3.2　给排水专业安装工程施工

3.2.1　室内给水系统安装

1. 给水管道布置与敷设

（1）管道的布置。室内给水管道布置与建筑物的性质、外形、结构情况和用水设备的布置情况及采用的给水方式有关。管道布置时，应力求长度最短，尽可能与墙、梁、柱平行敷设，并便于安装和检修，如图 3-47 所示。

（2）管道的敷设。根据建筑物的性质和卫生、美观要求的不同，室内给水管道有明设和暗设两种敷设形式，见表 3-12。

表 3-12　　　　　　　　　　　　室内给水管道的敷设方式

敷设方式	操作方法	优点	缺点	适用范围
明设	管道沿墙、梁、柱、地板或桁架敷设	安装维修方便，造价低	室内欠美观，管道表面积灰尘，夏天产生结露	民用建筑和生产车间
暗设	管道敷设在地下室、吊顶、地沟、墙槽或管井内	不影响室内美观和整洁	安装复杂，维修不便，造价高	装饰和卫生标准要求高的建筑物

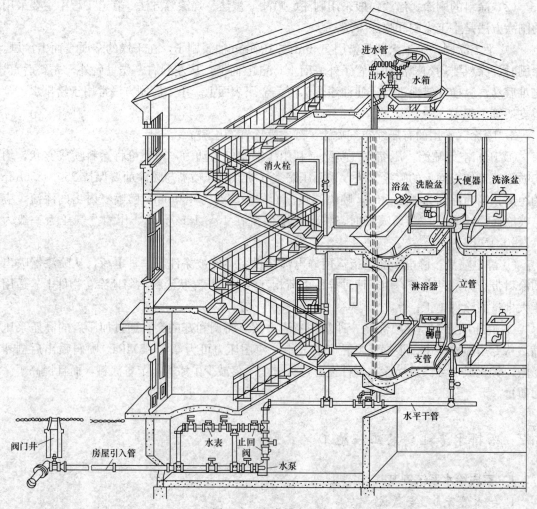

图 3-47　室内给水系统

（3）管道穿墙。

1）穿过楼板。管道穿过楼板时，应预先留孔，避免在施工安装时凿穿楼板面。管道通过楼板段应设套管，尤其是热水管道。对于现浇楼板，可以采用预埋套管。

2）通过沉降缝。管道一般不应通过沉降缝，实在无法避免时，可采用以下几种方法处理：

① 连接橡胶软管。用橡胶软管连接沉降缝两边的管道。但橡胶软管不能承受太高的温度，故此法只适用于冷水管道，如图 3-48 所示。

② 连接螺纹弯头。在建筑物沉降过程中，两边的沉降差可用螺纹弯头的旋转来补偿。此法适用于管径较小的冷热水管道。如图 3-49 所示。

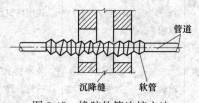

图 3-48　橡胶软管连接方法

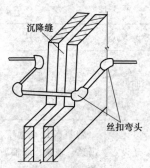

图 3-49　螺纹弯头连接法

③ 安装滑动支架。把靠近沉降缝两侧的支架做成只能使管道垂直位移而不能水平横向位移，如图 3-50 所示。

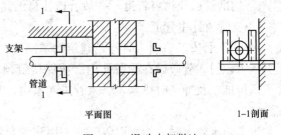

图 3-50　滑动支架做法

3）通过伸缩缝。室内地面以上的管道应尽量不通过伸缩缝，必须通过时，应采取措施使管道不直接承受拉伸与挤压。室内地面以下的管道，在通过有伸缩缝的基础时，可借鉴通过沉降缝的做法处理。

（4）管道连接。为了确保管道畅通，必须使连接严密。给水管道的连接方式，与使用的管材及用途有关，见表 3-13。

表 3-13　　　　　　　　　　　　　　　室内给水管道管材及连接方式

管　材	用　途	连接方式
镀锌焊接钢管	生活给水管管径≤150mm	螺纹连接
非镀锌焊接钢管	生产或消防给水管道	管径＞32mm 焊接，≤32mm 螺纹连接
给水铸铁管	生活给水管道管径≥150mm 时，管径≥75mm 的埋地生活给水管道生产和消防水管道	承插连接

2. 给水管道及配件的安装

（1）一般规定。

1）给水管道必须采用与管材相适应的管件。生活给水系统所涉及的材料必须满足饮用水卫生标准要求。

2）DN≤100mm 的镀锌钢管应采用螺纹连接，套螺纹破坏的镀锌层表面及外露部分应做防腐处理；DN＞100mm 的镀锌钢管应采用法兰或卡套式专用管件连接，镀锌钢管与法兰的或卡套式专用管件连接，镀锌钢管与法兰的焊接处应二次镀锌。

3）给水塑料管和复合管可用橡胶圈接口、黏结接口、热熔连接、专用管件连接及法兰连接等形式。塑料管和复合管与金属管件、阀门等的连接应使用专用管件连接，而且不得在塑料管上套丝。

4）给水铸铁管道安装时，采用水泥捻口或橡胶圈接口方式连接。

5）铜管可用专用接头或焊接，当管径小于 22mm 时宜采用承插或套管焊接，承口应迎介质流向安装，当管径大于或等于 22mm 时宜采用对口焊接。

6）应在给水立管和装有 3 个及以上配水点的支管始端安装可拆卸的连接件。

7）地下室或地下构筑物外墙有管道穿过时，应采取防水措施。对有严格防水要求的建筑物，必须采用柔性防水套管。

（2）给水管道安装工艺。室内给水管道安装包括引入管、干管、立管、支管的安装。

1）管道安装顺序。管道安装顺序应结合具体条件，合理安排。一般为先地下，后地上；先大管，后小管；先主管，后支管。当管道交叉中发生矛盾时，应按以下原则避让：

① 小管让大管；

② 无压力管道让有压力管道，低压管让高压管；

③ 一般管道让高温管道或低温管道；

④ 辅助管道让物料管道，一般管道让易结晶、易沉淀管道；

⑤ 支管道让主管道。

2）引入管安装。引入管穿越建筑物基础时，应按设计要求施工。为防止基础下沉而破坏引入管，引入管敷设在预留孔内，应保持管顶距孔壁的净空尺寸不小于150mm。为方便管道系统试压及冲洗时排水，引入管进入室内，其底部宜用三通连接，在三通底部装泄水阀或管堵。

当有防水要求时，给水引入管应采用防水套管，常用的防水套管如图3-51所示。

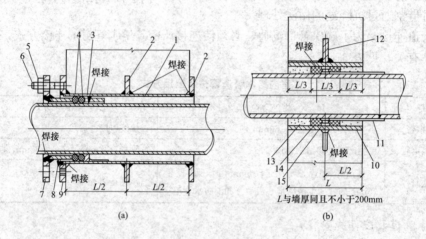

图 3-51 防水套管的安装示意图

(a) 柔性防水套管的安装示意图；(b) 性防水套管的安装示意图

1—套管；2—翼环；3—挡圈；4—橡胶条；5—螺母；

6—双头螺栓；7—法兰盘；8—短管；9—翼盘；10—钢套管；

11—钢管；12—翼环；13—石棉水泥；14—油麻；15—挡圈

3）给水干管安装。室内给水干管一般分为下供地埋式（由室外进到室内各立管）和上供架空式（由顶层水箱引至室内各立管）两种。

① 埋地干管安装。埋地干管安装时，首先确定干管的位置、标高、管径等，正确地按设计图纸规定的位置开挖土（石）方至所需深度，若未留墙洞，则需要按图纸的标高和位置在工作面上划好打眼位置的十字线，然后打洞；为方便打洞后按剩余线迹来检验所定管道的位置正确与否，十字线长度应大于孔径。为确保检查维修时能排尽管内余水，埋地总管一般应坡向室外。

给水引入管与排水排出管的水平净距不得小于1m；室内给水管与排水管平行铺设时，两管间的最小水平净距为500mm。交叉铺设时，垂直净距150mm，给水管应铺设在排水管上方，如给水管必须铺设在排水管下方时，应加套管，套管长度不应小于排水管径的3倍。

埋地管道安装好后要测压、防腐，对埋地镀锌钢管被破坏的镀锌表层及管螺纹露出部分的防腐，可采用涂铅油或防锈漆的方法；对于镀锌钢管大面积表面破损则应调换管子或与非镀锌钢管一样，按三油两布的方法进行防腐处理。

埋地管道安装好后，在回填土之前，要填写"隐蔽工程记录"。

② 架空干管的安装。地上干管安装时，首先确定干管的位置、标高、管径、坡度、坡向等，正确地按图示位置、间距和标高确定支架的安装位置，在应栽支架的部位画出长度大

于孔径的十字线，然后打洞栽支架。也可以采用膨胀螺栓或射钉枪固定支架。

水平支架位置的确定和分配，可采用下法：

先按图纸要求测出一端的标高，并根据管段长度和坡度定出另一端的标高；两端标高确定之后，再用拉线的方法确定出管道中心线（或管底线）的位置，然后按图纸要求或表 3-14 的规定来确定和分配管道支架。

表 3-14   **钢管道支架的最大间距**

公称直径 DN/mm		15	20	25	32	40	50	70	80	100	125	150	200	250	300
支架的最大间距 /m	保温管	1.5	2	2	2.5	3	3	4	4	4.5	5	6	7	8	8.5
	非保温管	2.5	3	3.5	4	4.5	5	6	6	6.5	7	8	9.5	11	12

栽支架的孔洞不宜过大，且深度不得小于 120mm。支架的安装应牢固可靠，成排支架的安装应保证其支架台面处在同一水平面上，且垂直于墙面。

管道支架一般在地面预制，支架上的孔眼宜用钻床钻得，若钻孔有困难而采用氧割时，为保证支架洁净美观和安装质量，必须将孔洞上的氧化物清除干净。支架的断料宜采用锯断的方法，如用氧割，则应保证美观和质量。

栽好的支架，应使埋固砂浆充分牢固后方可安装管道。

干管安装一般可在支架安装完毕后进行。可先在主干管中心线上定出各分支主管的位置，标出主管的中心线，然后将各主管间的管段长度测量记录并在地面进行预制和预组装（组装长度应以方便吊装为宜），预制时同一方向的主管应保证在同一直线上，且管道的变径应在分出支管之后进行。组装好的管子，应在地面进行检查有无歪斜扭曲，如有则应调直。

上管时，为防止管道滚落伤人应将管道滚落在支架上，随即用预先准备好的 U 形卡将管子固定，干管安装后，应保证整根管子水平面和垂直面都在同一直线上。

干管安装注意事项如下：

a. 地下干管在上管前，应将各分支口堵好，防止泥沙进入管内；为保证管路畅通，在上主管时，要将各管口清理干净。

b. 预制好的管子要小心保护好螺纹，上管时不得碰撞。可用加装临时管件方法加以保护。

c. 安装完的干管，不得有塌腰、拱起的波浪现象及左右扭曲的蛇弯现象。管道安装应横平竖直。水平管道纵横方向弯曲的允许偏差当管径小于 100mm 时为 5mm，当管径大于 100mm 时为 10mm，横向弯曲全长 25m 以上为 25mm。

d. 在高空上管时，要注意防止管钳打滑而发生安全事故。

e. 支架应根据图纸要求或管径正确选用，其承重能力必须达到设计要求。

4）给水立管安装。立管安装前，首先根据图纸要求或给水配件及卫生器具的种类确定支管的高度。在墙面上画出横线，再用线坠吊在立管的位置上，在墙上弹出或画出垂直线，并根据立管卡的高度在垂直线上确定出立管卡的位置并画好横线，然后再根据所画横线和垂直线的交点打洞栽管卡。立管管卡安装，当层高小于或等于 5m 时，每层须安装一个，当层高大于 5m 时，每层不得少于两个；管卡的在安装高度，应距地面 1.5~1.8m；两个以上的管卡应均匀安排，成排管道或同一房间的立管卡和阀门等的安装高度应保持一致。

安装时，按立管上的编号从一层干管甩头处往上逐层进行安装。两人配合，操作时，一人在下端托管，一人在上端上管，并注意支管的接入方向。安装好后，为保证立管在垂直度和管道之间的距离符合设计要求，使其正面和侧面都在同一垂直线上，应进行检查，最后收紧管卡。立管一般沿房间的墙角或墙、梁、柱敷设。

立管安装有明装和暗装两种方式：

① 明装。立管明装时，每层从上至下统一掉线安装卡件，将预制好的立管按编号分层排开，按顺序安装。支管留甩口均加好丝堵。安装完毕后，用线坠吊直找正，配合土建堵好楼板洞。

② 暗装。立管暗装时，竖井内立管安装的卡件宜在管井设置型钢，上下统一吊线安装卡件。安装在墙内的立管应在结构施工时预留管槽，立管安装后吊直找正，用卡件固定。支管留甩口加好临时丝堵。

立管安装注意事项有以下几个方面：

a. 调直后的管道上的零件如有松动，必须重新上紧。

b. 立管上的阀门要考虑便于开启和检修。下供式立管上的阀门，当设计未标明高度时，应安装在地坪面上 300mm 处，且阀柄应朝向操作者的右侧并与墙面形成 45°夹角处，阀门后侧必须安装可拆装的连接件。

c. 当使用膨胀螺栓时，应先在安装支架的位置用冲击电钻钻孔，孔的直径与套管外径相等，深度与螺栓长度相等。然后将套管套在螺栓上，带上螺母一起打入孔内，到螺母接触孔口时，用扳手拧紧螺母，使螺栓的锥形尾部将开口的套管尾部张口，螺栓便和套管一起固定在孔内。这样就可在螺栓上固定支架或管卡。

d. 上管应注意安全，且应保护好末端的螺纹，不得碰坏。

e. 多层及高层建筑，每隔一层在立管上要安装一个活接头（油任）。

5）支管安装。支管是指从给水立管上接出，连接用水设备的管道。其中，连接单个用水设备的给水管称支管；连接数个用水设备的给水管称为横支管。横支管可预制安装，依次与立管连接。支管有明装和暗装两种方式。

① 支管明装。将预制好的支管从立管甩口依次逐段进行安装，有阀门应将阀门盖卸下再安装。核定不同卫生器具的冷热水预留口高度、位置是否正确，找坡找正后栽支管卡件，上好临时丝堵。换装上水表。

② 支管暗装。支管暗装时，确定支管高度后画线定位，剔出管槽，将预制好的支管敷设在槽内，找平、找正、定位后用钩钉固定。卫生器具的冷热水预留口要做在明处，加好丝堵。

6）支、吊架的安装。

① 安装要点。为固定室内管道的位置，防止管道在自重、温度和外力影响下产生位移，水平管道和垂直管道应每隔一定距离装设支、吊架。常用的支、吊架有立管管卡、托架和吊环等。管卡和托架固定在墙、梁、柱上，吊环吊在楼板下，如图 3-52 和图 3-53 所示。

② 安装方法。支架的安装方法有埋栽法、焊接法、膨胀螺栓法和抱箍法等几种结构形式。

7）水表安装。水表设置位置应按设计确定，如设计未注明则应尽量装设在便于检修、拆换，不致冻结，不受雨水或地面水污染，不会受到机械性损伤，便于查读之处。一般情况下，是在进户给水管的适当部位建造水表井，水表设在水表井内。

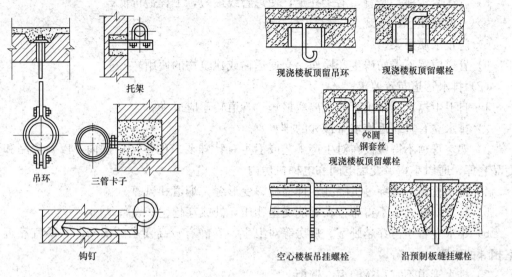

图 3-52 支、吊架　　　　　　　　图 3-53 预埋吊环、螺栓的做法

为方便水表拆换和检修，水表的前后应安装阀门，对用水量不大、用水可以间断的建筑，安装水表节点时一般不设旁通，只需在水表前后安装阀门即可。对于用水要求较高的建筑物，安装水表节点时应设置旁通管，旁通管由阀门两侧的三通引出，中间加阀门连接。

3.2.2 室内排水系统安装

排水系统的任务是将日常生活和生产过程中所产生的废水，以及降落在屋面的降水汇集后，通过排水系统迅速排至室外排水管中去，为人们提供良好的生活、生产、工作与学习环境。

1. 排水方式

排水系统的排水方式有分流制与合流制两种方式。

（1）分流制。将生活污水、工业废水和雨水分别设置管道系统排出建筑物外，称为分流制排水系统。它具有水力条件好，有利于污废水处理和利用的优点，但是工程造价高，维护费用多。

（2）合流制。若将性质相近的污、废水管道组合起来合用一套排水系统，则称合流制排水系统。它具有工程造价小、节省费用的优点，但却增加了污水处理设备的负荷量。

确定建筑排水系统的分流或合流，应综合考虑其经济技术情况。雨水排水系统一般应以单独设置为宜，从而避免增大生活污水的处理量，或因降雨量骤增，使系统排放不及时造成污水倒灌。给水排水系统不应与生活污水合流。

2. 排水管道布置与敷设

（1）排水管道的布置原则。

1）卫生器具及生产设备中的污水或废水应就近排入立管。

2）使用安全可靠、不影响室内环境卫生。

3）便于安装、维修及清通。

4）管道尽量避震、避基础及伸缩缝、沉降缝。

5）在配电间、卧室等处不宜设管道。

6）管线尽量横平竖直，沿梁柱走，使总管线最短，工程造价低。

7）占地面积小，美观。

8）防止水质污染。

9）管道位置不得妨碍生产操作、交通运输或建筑物的使用。

（2）排水管道布置要求。

1）自卫生器具至排出管的距离应最短，管道转弯应最少。

2）排水立管宜靠近排水量最大的排水点。

3）架空管道不得敷设在对生产工艺或卫生有特殊要求的生产厂房内，以及食品和贵重商品仓库、通风小室、变配电间和电梯机房内。

4）排水管道不得穿过沉降缝、伸缩缝、变形缝、烟道和风道。

5）排水埋地管道不得布置在可能受重物压坏处或穿越生产设备基础。

6）排水立管不得穿越卧室、病房等对卫生、安静有较高要求的房间，并不宜靠近与卧室相邻的内墙。

7）排水管道不宜穿越橱窗、壁柜。

8）塑料排水立管应避免布置在易受机械撞击处，如不能避免时，应采取保护措施。

9）塑料排水管应避免布置在热源附近，如不能避免，并导致管道表面受热温度大于60℃时，应采取隔热措施。塑料排水立管与家用灶具边净距不得小于 0.4m。

10）排水管道外表面如可能结露，应根据建筑物性质和使用要求，采取防结露措施。

11）排水管道不得穿越生活饮用水池部位的上方。

12）室内排水管道不得布置在遇水会引起燃烧、爆炸的原料、产品和设备的上面。

13）排水横管不得布置在食堂、饮食业厨房的主副食操作烹调备餐的上方。当受条件限制不能避免时，应采取防护措施。

14）排水管道宜地下埋设或在地面上、楼板下明设，如建筑有要求时，可在管槽、管道井、管窿、管沟或吊顶内暗设，但应便于安装和检修。在气温较高、全年不结冻的地区，可沿建筑物外墙敷设。

15）住宅卫生间的卫生器具排水管不宜穿越楼板进入他户。

（3）排水管道敷设。室内排水管道的敷设有明装和暗装两种方式。

明装是指管道沿墙、梁、柱直接敷设在室内，其优点是安装、维修、清通方便，工程造价低，但是不够美观，且因暴露在室内易积灰结露影响环境卫生。明装一般用于对环境要求不高的住宅、饭店、集体宿舍等建筑。

对于室内美观程度要求高的建筑物或管道种类较多时，应采用暗敷设的方式。

3．排水管道安装

（1）一般规定。

1）室内排水系统管材应符合设计要求。当无设计规定时，应按下列规定选用：

① 生活污水管道应使用塑料管、铸铁管等。

② 雨水管道应使用塑料管、铸铁管、镀锌和非镀锌钢管等。

2）在生活污水管道上设置检查口或清扫口时，应符合设计要求。当设计无规定时应符合下列规定：

① 在立管上应每隔一层设置一个检查口，且在最底层和有卫生器具的最高层必须设置。检查口中心高度距操作地面一般为 1m，允许偏差 ±20mm，并应高于该层卫生器具上边缘 150mm；检查口的朝向应便于检修。

② 在连接 2 个及 2 个以上大便器或 3 个及 3 个以上卫生器具的污水横管上应设置清扫口。当污水管在楼板下悬吊敷设时，可将清扫口设在上一层楼地面上，污水管起点的清扫口与管道相垂直在墙面距离不得小于 200mm；若污水管起点设置堵头代替清扫口时，与墙面距离不得小于 400mm。

③ 在转角小于 135° 的污水横管上，应设置检查口或清扫口。

④ 污水横管的直线管段，应按设计要求的距离设置检查口或清扫口。

3）金属排水管道上的吊钩或卡箍应固定在承重结构上。固定件间距：横管不大于 2m；立管不大于 3m。立管底部的弯管处应设置墩或采取固定措施。

4）塑料排水管道支架、吊架间距应符合表 3-15 的规定。

表 3-15　　　　　　　　　塑料排水管道支架、吊架最大间距　　　　　　　　　　　　m

管径/mm	50	75	110	125	160
立管	1.2	1.5	2.0	2.0	2.0
横管	0.5	0.75	1.10	1.30	1.60

5）排水通气管不得与风道或烟道连接，且应符合下列规定：

① 通气管应高出屋面 300mm，但必须大于最大积雪厚度。

② 在通气管出口 4m 以内有门、窗时，通气管应高出门、窗顶 600mm 或引向无门、窗一侧。

③ 在经常有人停留的平屋顶上，通气管应高出屋面 2m，并应根据防雷要求设置防雷装置。

④ 屋顶有隔热层应从隔热层板面算起。

6）未经消毒处理的医院含菌污水管道，安装时，不得与其他排水管道直接连接。

7）饮食业工艺设备引出的排水管及饮用水水箱的溢流管，不得与污水管道直接连接。

8）通向室外的排水管，穿过墙壁或基础必须下扳时，应用 45° 三通和 45° 弯头连接，并应在垂直管段顶部设置清扫口。

9）由室内通向室外排水检查井的排水管，井内引入管应高于排出管或两管顶相平，并有不小于 90° 的水流转角，如跌落差大于 300mm 可不受角度限制。

10）用于室内排水的水平管道与水平管道、水平管道与立管的连接，应采用 45° 三通或 45° 四通和 90° 斜三通或 90° 斜四通。

11）雨水管道不得与生活污水管道相连接。雨水斗的连接应固定在屋面承重墙上。

（2）管道安装工艺。

安装准备工作→管道预制→干管安装→立管安装→支管安装→用水试验→管道防腐。

1）排出管安装。排出管是指室内底层排水横管上的立管三通至室外第一个检查井之间的管段。排出管的室外部分应安装在冻土层以下，且低于明沟的基础，接入窗井时不能低于窗井的流水槽，如图 3-54 所示。

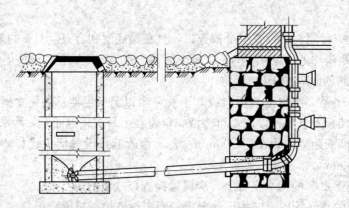

图 3-54 排出管安装

一般排出管的最小埋深为：混凝土、沥青混凝土地面下埋深不小于 0.4m，其他地面下埋深不小于 0.7m。排出管穿越基础或地下室墙壁时应预留孔洞，并做好防水处理。

2）干管安装。按设计图纸上管道的位置确定标高并放线，经复核无误后，将管沟开挖至设计深度。

① 首先挖好管沟，在挖好的管沟底部，用土回填到管底标高处，铺设管道时，应将预制好的管段按照承口朝来水方向，由出水口处向室内顺序排列。挖好捻灰口用的工作坑，将预制好的管段徐徐放入管沟内，封闭堵严总出水口，做好临时支撑，按施工图纸的坐标、标高找好位置和坡度，以及各预留管口的方向和中心线，将管段承插口相连。

② 管道铺设捻好灰口后，再将立管首层卫生器具的排水预留管口，按室内地坪线、坐标位置及轴线找好尺寸，接至规定高度，将预留管口临时封堵。

③ 按照施工图对铺设好的管道坐标、标高及预留管口尺寸进行自检，确认准确无误后即可从预留管口处灌水做闭水实验。

④ 管道系统经隐蔽验收合格后，临时封堵各预留管口，配合土建填堵孔洞，并按规定回填土。

3）立管与通气管安装。

① 确定立管位置。立管作用上承接横支管排泄的污水，立管的安装位置要考虑到横支管距墙的距离和不影响卫生器具的使用。定出安装距离后，在墙上做出记号，用粉囊在墙上弹出该点的垂直线即是该立管的位置。排水立管与墙面的距离应符合表 3-16 的规定。

表 3-16	排水立管中心与墙面距离及留洞尺寸			
管径/mm	50	75	100	125～150
管中心与墙面距离/mm	100	110	130	150
楼板留洞尺寸/（mm×mm）	100×100	200×200	200×200	300×300

② 安装立管。安装立管时，应两人配合进行。楼上一人楼下一人，用绳子将立管插入下层管承口内，找正甩口及检查口方向，并将管道在楼板洞内临时固定，然后接口。管道安装一般自下向上分层进行，安装时一定要注意将三通口的方向对准横管的方向。每层立管安装后，均应立即以管卡固定。立管底部的弯管处应设置支墩。

立管安装应注意以下几方面内容：

a. 在立管上应按图纸要求设置检查口，如设计无要求时则应每两层设置一个检查口，但在最底层和卫生器具的最高层必须设置。如为五层建筑物，应在一、三、五层设置；如为六层建筑，应在一、四、六层或一、三、六层设置；如为二层建筑可在底层设置检查口。如有乙字管，则在该层乙字管上部设置检查口，其高度由地面至检查中心一般为1m，允许偏差±20mm，并高于该层卫生器具上边缘的150mm。检查口的朝向应便于检修，检查口盖的垫片一般选用厚度不小于3mm的橡胶板。

b. 立管安装时，为避免安装横托管时由于三通口的偏斜而影响安全质量，一定要注意将三通口的方向对准横托管方向。三通口的高度，要由横管的长度和坡度来决定，与楼板的间距一般宜大于或等于250mm，但不得大于300mm。

③ 通气管安装。通气管应安装在立管顶部，是为了使下水管网中的有害气体排至大气中，并保护管网中不产生负压破坏卫生设备的水封而设置的。通气管的安装方法与排水立管相同，不得与风道或烟道连接，只是通气管穿出屋面时，应与屋面工程配合进行。首先安装好通气管，然后将管道和屋面的接触处进行防水处理。伸出屋顶的通气立管高出屋面不小于300mm，且必须大于积雪厚度。如在透气管出口4m以内有门窗，则透气管应高出门窗顶600mm或引向无门窗一侧。在经常有人停留的平面屋顶上，透气管应高出屋面2m，并应根据防雷要求设防雷装置，同时将透气球装在管口上。注意通气管出口不宜设在建筑物的檐口、阳台等挑出部分的下面。

4）横支管安装。预制横管就必须对各卫生器具及附件的水平距离进行实测。根据土建的图纸和现场测出它们的中心距及三通口的方向，对承接大便器及拖布盆、清扫口的横管。如知大便器的三通口要朝上，而拖布盆由于离墙较远，要用直弯将短支管引到靠墙所规定的尺寸，因此该三通应有朝墙方向45°的角度。地漏的两个直弯也是朝上的方向。测出尺寸及方向，绘在草图上便可在地面预制，预制后的管子，如果用水泥接口，则要在养护一段时间待水泥具有初步强度后，才可吊装连接。

首先应在墙上弹画出横管中心线，在楼板内安装吊卡并按横管的长度和规范要求的坡度调整好吊卡的高度。吊装时，用绳子从楼板眼处将管段按排列顺序从两侧水平吊起，放在吊架卡圈上临时卡稳，调横管上三通口的方向或弯头的方向及管道的坡度，调好后方可收紧吊卡。然后为防止落入异物堵塞管道，应进行接口连接，并随时将管口堵好，安装好后，应封闭管道与楼板或墙壁的间隙，并且保证所有预留管口被封闭堵严。

5）卫生器具下排水支立管的安装。卫生器具下排水支立管安装时，将管托起，插入横管的甩口内，在管子承口处绑上铁丝，并在楼板上临时吊住，调整好坡度和垂直度后，打麻捻口并将其固定在横管上，将管口堵住，然后将楼板洞或墙孔洞用砖塞平，填入水泥砂浆固定。为利于土建抹平地面，补洞的水泥砂浆表面应低于建筑表面10mm左右。

6）塑料排水管的安装。

① 塑料管道上伸缩节安装。塑料管伸缩节必须按设计要求的位置和数量进行安装。横干管应根据设计伸缩量确定；横支管上合流配件至立管超过2m应设伸缩节，但伸缩节之间的最大距离不得超过4m。管端插入伸缩节处预留的间隙应为：夏季5～10mm；冬季15～20mm。

管道因环境温度和污水温度变化而引起的伸缩长度按下式计算：

$$\Delta L = L \cdot \alpha \cdot \Delta t$$

式中 L——管道长度，m；

    ΔL——管道伸缩长度，m；

    α——管道金属线膨胀系数，一般取 $\alpha=6\times10^{-5}\sim8\times10^{-5}$（m/m·℃）；

    Δt——温度差，℃。

伸缩节的最大允许伸缩量为：

$DN50$——10mm；

$DN75$——12mm；

$DN100$——15mm。

② 管道的配管及黏结工艺。

a. 锯管及坡口施工要点。

（a）锯管长度应根据实测并结合连接件的尺寸逐层决定。

（b）锯管工具宜选用细齿锯、割刀和割管机等机具，断口平整并垂直于轴线，断面处不得有任何变形。

（c）插口处可用中号锉刀锉成15°～30°坡口，坡口厚度宜为管壁厚度的1/3～1/2，长度一般不小于3mm。坡口完成后，应将残屑清除干净。

b. 黏合面的清理。管材或管件在黏合前应用棉纱或干布将承口内侧和插口外侧擦拭干净，使被黏结面保持清洁，无尘砂与水迹。当表面粘有油污时，须用棉纱蘸丙酮等清洁剂擦净。

c. 管端插入承口深度。配管时，应将管材与管件承口试插一次，在其表面划出标记，管端插入的深度不得小于表3-17的规定。

表 3-17   塑料管管材插入管件承口深度

管子外径/mm	40	50	75	110	160
管端插入承口深度/mm	25	25	40	50	60

d. 胶粘剂涂刷。用油刷蘸胶粘剂涂刷被粘接插口外侧及粘接承口内侧时，应轴向涂刷，动作迅速，涂抹均匀，且涂刷的胶粘剂应适量，不得漏涂或涂抹过厚。冬季施工时尤须注意，应先涂承口，后涂插口。

e. 承插口连接。承插口清洁后涂胶粘剂，立即找正方向将管子插入承口，使其准直，再加以挤压。应使管端插入深度符合所划标记，并保证承插接口的直度和接口的位置正确，为防止接口滑脱，还应静置2～3min；预制管段节点间误差应不大于5mm。

f. 承插接口的养护。承插接口插接完毕后，应将挤出的胶粘剂用棉纱或干布蘸清洁剂擦拭干净。根据胶粘剂的性能和气候条件静置至接口处固化为止。冬季施工时，固化时间应适当延长。

g. 安装要求。

（a）最底层排水横支管与排水立管连接处至排出管管底的垂直距离 A 如小于下列数值时，最底层横支管应单独排出建筑物外：

         四层以下建筑   ≤450mm

         五、六层建筑   ≤750mm

         七层以上建筑   底层单独排出

如底层排水管不能单独排出时，则应将管底部和排出管的管径加大一级。

(b) 排水立管如转弯时，排水支管按图 3-55 连接，图中所示 A 按上述①的要求取值。

(c) 排水管的坡度 (i)，根据各产品标准而定。

7) 陶瓷管安装。

① 陶瓷管机械强度低、脆性大，安装时应使陶瓷管放置平稳，不使其局部受力。

② 吊装时采用软吊索，不得使用铁链条或钢丝绳，移动搬运时轻放轻拿。

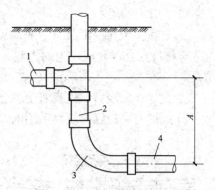

图 3-55 硬聚氯乙烯塑料排水管
立管底部转弯部分构造图
1—最低横支管；2—立管；
3—立管底部；4—排水管

③ 安装过程中，不得使用铁撬棍或其他坚硬工具碰击和锤击设备及管道的安装部位；为避免局部爆裂损坏，不允许用火焰直接加热后焊接。如不能避免时，则应采取隔热措施。

④ 为减少阻力和便于检修，应根据需要，在适当位置加装排气阀及泄水阀，使气体或输送介质容易排出。

⑤ 与其他管道同时敷设时，应先敷设其他管道，然后敷设陶瓷管道。

⑥ 陶瓷管不应敷设在走道或容易受到撞击的地面上，一般应采取地下敷设或架空敷设。

⑦ 先安装好管托、支架和底座，然后放上管道。

⑧ 水平敷设时，在输送介质流动方向保持坡度约为 0.001～0.005，取值大小可根据输送介质决定。架空敷设，离地坪或楼面不小于 2.5m；水平敷设，每根管子应有两根枕木或管墩支承。

⑨ 垂直敷设时，管道垂直度偏差要求不大于 0.005。每根管子应有固定的管夹支撑。承插式的管夹支架位置应在承口下方；法兰式的管夹支撑位置在法兰的下方。

⑩ 承插式接头承口及插口处使用耐酸水泥、浸渍水玻璃的石棉绳及沥青等胶粘。为增强胶粘牢度，承口的内壁和插口的外壁上应刻有数条沟槽。用于一般排水管时，把水泥和砂按 1∶1 配合比拌成砂浆填实接口即可。

⑪ 套管式接头用于调节管道长度，也可作为管道伸缩补偿器用。也有专供补偿陶瓷管因温度变化产生伸缩的伸缩补偿接头。

⑫ 支架应架设牢靠；管卡与陶瓷管之间应垫以 3～5mm 厚的弹性衬垫，但不应将管道夹持过紧，使管道能做轴向运动。当管段有补偿器时，则允许将管子夹紧。

⑬ 与其他材质管道或装置交叉跨越时，陶瓷管安装在管道或设备的上方。两管壁间距应不小于 200mm，必要时陶瓷管外面加装保护罩。

4. 雨水排水系统安装

室内雨水管道系统是指用来排除屋面雨雪水的内排水管道系统。内排管道系统由雨水斗、悬吊管、立管及埋地管等组成。

(1) 雨水斗制作安装。雨水斗的作用是最大限度和极迅速地排除屋面雨雪水量。因此，雨水斗应具有池水面积大，顶部无孔眼，构造高度小等优点，使水流平稳及阻力小，使其内部不与空气相通。

1) 雨水斗制作。

① 划线。依照图纸尺寸、材料品种、规格放样划线，经复核与图纸无误，进行裁剪；为节省材料宜合理套裁，先划大料、后划小料，划料形状和尺寸应准确，用料品种、规格无误。

② 裁样。划线后，先裁剪出一套样板，裁剪尺寸准确、裁口垂直平正。

③ 成形。将裁好的块料采用电焊对口焊接，焊接之后经校正符合要求。

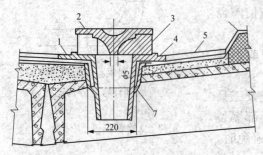

图 3-56　雨水斗的安装
1—压檐防水层；2—雨水斗顶盖；3—雨水斗格栅；
4—漏斗；5—天沟；6—防水层；7—雨水斗底座

④ 刷防锈层。加工制作好的雨水斗应刷防锈层。铸铁雨水口应刷防锈漆，先除掉焊缝熔渣，用钢丝刷刷掉锈斑，均匀刷防锈漆一道。镀锌白铁雨水斗，应涂刷磷化底漆。

2) 雨水斗安装。雨水斗安装时，雨水斗与屋面连接处的结构应能使雨水畅通地自屋面流入斗内，防水油毡弯折应平缓，连接处不漏水。雨水斗的短管应牢固地固定在屋面承通结构上，接缝处不应漏水。雨水斗的安装如图 3-56 所示。

(2) 悬吊管安装。悬吊管采用铸铁管，用铁箍、吊环等固定在墙上、架上及桁架上应有不小于 0.003 的坡度，当悬吊管长度大于 15m 时，应安装检查口或带法兰盘的三通，其间距离不大于 20m，位置最好靠近柱子、墙，便于检修。另外，在悬吊管堵头也应设检查口。悬吊管检查口间距见表 3-18。

表 3-18　悬吊管检查口间距

项　次	悬吊管直径/mm	检查口间距/m
1	≤150	≤15
2	≥200	≤20

(3) 雨水斗口安装。

1) 挑檐板雨水斗。按设计要求，先剔出挑檐板钢筋，找好雨水斗位置，核对标高，装卧雨水斗，用 Φ6 钢筋架固，支好底托模板，用与挑檐同强度等级的混凝土浇筑密实，雨水口上平不能突出找平层面。

2) 女儿墙雨水斗口。根据设计位置及要求，在施工结构时，预留出水落口孔洞，水落口的雨水斗安装前应弹出雨水斗的中心线、找好标高，将雨水斗用水泥砂浆卧稳，用细石混凝土嵌固，填塞严密，外侧为砌筑清水墙时，应按砌筑排砖贴砌与外墙缝子一致。

3) 内排直式雨水斗口。宜采用铸铁，埋设标高应考虑水落口防水层增加的附加层、柔性密封、保护面层及排水坡度，水落口周围直径 500mm 范围内坡度不应小于 5%，并应用防水涂料或密封材料涂封，其厚度不应小于 2mm。

3.2.3　卫生洁具安装

1. 卫生洁具安装高度要求

(1) 卫生洁具的安装应采用预埋螺栓或膨胀螺栓安装固定。

(2) 卫生洁具安装高度如设计无要求时，应符合表 3-19 的规定。

表 3-19　　　　　　　　　　　　　　　卫生洁具的安装高度

项次	卫生器具名称		卫生器具安装高度/mm		备　注
			居住和公共建筑	幼儿园	
1	污水盆（池）	架空式	800	800	—
		落地式	500	500	
2	洗涤盆（池）		800	800	
3	洗脸盆、洗手盆（有塞、无塞）		800	500	自地面至器具上边缘
4	盥洗槽		800	500	
5	浴盆		≤520		
6	蹲式大便器	高水箱	1800	1800	
		低水箱	900	900	
7	坐式大便器	高水箱	1800	1800	自地面至高水箱底 自地面至低水箱底
	低水箱	外露排水管式	510	—	
		虹吸喷射式	470	370	
8	小便器	挂式	600	450	自地面至下边缘
9	小便槽		200	150	自地面至台阶面
10	大便槽冲洗水箱		≥2000	—	自台阶面至水箱底
11	妇女卫生盆		360	—	自地面至器具上边缘
12	化验盆		800	—	自地面至器具上边缘

2. 卫生洁具的固定方法

为减少薄木砖处的抹灰厚度，使木螺钉能安装牢固，砌墙时根据卫生洁具安装部位将浸过沥青的木砖嵌入墙体内，木砖应削出斜度，小头放在外边，突出毛墙 10mm 左右，如果事先未埋木砖，可采用木楔，木楔直径一般为 40mm 左右，长度为 50～70mm。其做法是在墙上凿一较木楔直径稍小的洞，将它打入洞内，再用木螺钉将器具固定在木楔上。卫生洁具常用的固定方法，如图 3-57 所示。

3. 盥洗沐浴类卫生洁具安装

（1）洗脸盆安装。

1）洗脸盆安装图及安装材料。洗脸盆安装方式有墙架式、柱脚式和角形三种形式，如图 3-58～图 3-60 所示。洗脸盆安装材料见表 3-20。

表 3-20　　　　　　　　　　　　　　　洗脸盆安装主要材料

编号	名称	规格	材料	单位	数量
1	洗脸盆	—	隐瓷	个	1
2	龙头	DN15	铜镀铬	个	2
3	角式截止阀	DN15	铜镀铬	套	2
4	拼水栓	DN32	铜镀铬	套	1
5	存水弯	DN32	铜镀铬	套	1
6	三通	—	锻铁	个	2
7	弯头	DN15	锻铁	个	2
8	热水管	—	镀锌钢管	—	—
9	冷水管	—	镀锌钢管	—	—

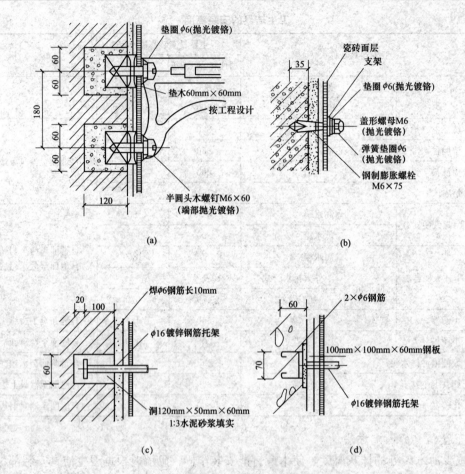

图 3-57　卫生洁具的常用固定方法
(a) 预埋木砖木螺丝固定；(b) 钢制膨胀螺栓固定；
(c) 栽钢筋托架固定；(d) 预埋钢板固定

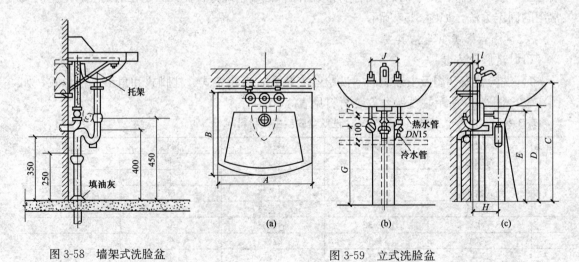

图 3-58　墙架式洗脸盆

图 3-59　立式洗脸盆
(a) 平面图；(b) 立面图；(c) 侧面图

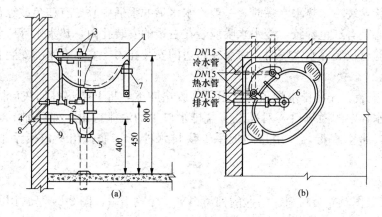

图 3-60 角形洗脸盆安装图

(a) 立面图；(b) 平面图

1—三角形洗脸盆；2—角阀；3—水龙头；4—给水管；

5—存水弯；6—排水栓；7—托架；8、9—压盖

2) 洗脸盆安装方法。洗脸盆安装包括给水管连接、排水管连接、支架安装、水嘴安装和排水栓安装。

① 给水管连接。先量好管道尺寸，配好给水短管，再将角阀装上。若是暗装管道，带铜压盖，要先将压盖套在短节上，管子上好后，将压盖内填满油灰，推向墙面找平、压实，清理外溢油灰。将铜管按所需尺寸断好，需掫弯的把弯掫好。将角阀与水嘴的锁母卸下，背靠背套在铜管上，两端分别缠好铜油麻丝，上端插入水嘴根部，带上锁母，下端插入角阀出水口内，带上锁母，将铜管调直找正。上端用自制朝天呆扳手拧紧，下端用扳手拧紧，清除锁母处外露填料。

② 排水管连接。

S形存水弯的连接。应在洗脸盆排水栓丝扣下端涂铅油，缠少许麻丝，将存水弯上节拧到排水栓上，松紧适度。再将存水弯下节的下端插入排水管口内，将存水弯套入上节内，然后把胶垫放在存水弯的下节连接处，把锁母用手拧紧后调直找正，再用扳手拧紧。最后用油麻填塞排水口间隙，并用油灰将排水口塞严、抹平。

P形存水弯的连接。先在洗脸盆排水栓下端丝扣处涂铅油，缠少许麻丝，将存水弯立节拧到排水栓上，松紧适度。再将存水弯横节按需要的长度配好，把锁母和铜压盖背靠背套在横节上，在端头缠好油盘根绳，先试一下安装高度是否合适，如不合适可用立节调整，然后把胶垫放在锁母口内，将锁母拧至松紧适度。把铜压盖内填满油灰后推向墙面找平，按压严实，擦净外溢油灰。

③ 支架安装。应按照排水管口中心在墙上画垂线，由地面向上量出规定的高度，画出水平线，洗脸盆上沿口一般距地面为 800mm 或按设计要求。再根据盆宽在水平线上画出支架位置的十字架。按印记剔成 $\phi 30mm \times 120mm$ 孔内，将洗脸盆支架找平栽牢。再将洗脸盆置于支架上找平、找正。最后将 $\phi 4mm$ 螺栓上端插到脸盆下面的固定孔内，下端插入支架孔内，带上螺母拧至松紧适度。

④ 水嘴安装。先将水嘴锁母、根母、胶垫卸下，在水嘴根部垫好油灰，插入洗脸盆水嘴孔眼，下面再套上胶垫，带上根母后用左手按住水嘴，右手用自制朝天呆扳手将根母拧至

松紧适度。洗脸盆装冷、热水水嘴时，一般冷水水嘴的手柄中心处有蓝色或绿色标致，热水水嘴的手柄中心处有红色标致，冷水水嘴应装在右边的安装孔内，热水水嘴应装在左边的安装孔内。如洗脸盆仅装冷水水嘴时，应装在右边的安装孔内，左边有水嘴安装孔的应用瓷压盖涂油灰封死。

⑤ 排水栓安装。先将排水栓根母、眼圈、胶垫卸下，将上垫垫好油灰后插入洗脸盆排水口空内，排水栓中的溢流口要对准洗脸盆排水口中的溢流口眼。外面加上垫好油灰的胶垫，套上眼圈，带上根母，再用自制扳手卡住排水栓十字筋，用平口扳手上根母至松紧适度。

（2）浴盆安装。

1）浴盆安装图及安装材料。浴盆的种类很多，样式不一，图 3-61 是常用的一种浴盆安装图，安装每个浴盆所需材料见表 3-21。

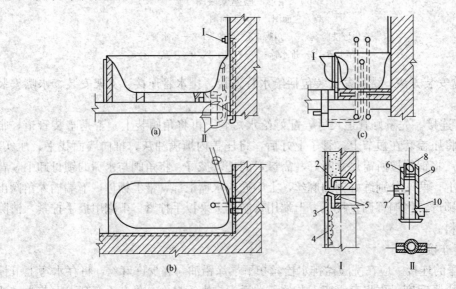

图 3-61　浴盆安装

（a）立面图；（b）平面图；（c）侧面图

1—接浴盆水门；2—预埋 $\phi6$ 钢筋；3—钢丝网；4—瓷砖；5—角钢；

6—$\phi100$ 钢管；7—管箍；8—清扫口铜盖；9—焊在管壁上的 $\phi8$ 钢筋；10—进水口

表 3-21　　　　　　　　　安装浴盆所需主要材料

序号	名称	规格/mm	单位	数量
1	浴盆	—	个	1
2	存水弯	$DN32$	个	1
3	排水配件	$DN32$	个	1
4	固定支架	—	副	1
5	三联混合水嘴	$DN15$	个	1
6	截止阀	$DN15$	个	2
7	支管	$DN15$	m	0.8
8	弯头	$DN15$	个	2
9	活接头	$DN15$	个	2

2) 浴盆安装方法。首先应根据设计位置与标高，将浴盆正面、侧面中心位置、上沿标高线盒支座标高线划在所在位置墙上。按照放线位置砌砖墩支座，砖墩支座达到要求后，用水泥砂浆铺在支座上，将浴盆对准墙上中心线就位放稳后调整找平。安装排水栓及浴盆排水管时，将浴盆配件中的弯头与抹匀铅油缠好麻丝的短横管相连接，再将短横管另一端插入浴盆三通的中口内，拧紧锁母。三通的下口插入竖直短管，连接好接口，将竖管的下端插入排水管的预留甩头内。然后将排水栓圆盘下加进胶垫，抹匀铅油，插进浴盆的排水孔眼里，在孔外也加胶垫和眼圈在丝扣上抹匀铅油，缠好麻丝，用扳手卡住排水口上的十字筋与弯头拧紧连接好。最后溢水立管套上锁母，缠紧油盘根绳，插入三通的上口，对准浴盆溢水孔，拧紧锁母。

(3) 淋浴器。淋浴器具有占地面积小、设备费用低、耗水用量小、清洁卫生等优点，因此被广泛应用。但由于管件较多、布置紧凑、配管尺寸要严格准确，安装时要注意整齐美观，管式淋浴器安装如图 3-62 所示。

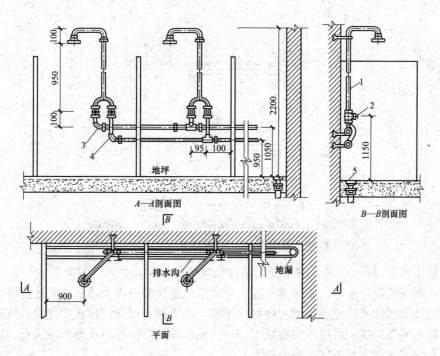

图 3-62　淋浴器安装
1—淋浴器；2—截止阀；3—热水管；4—给水管；5—地漏

钢管淋浴器组装时必须用 $DN15$ 的镀锌钢管及管件，阀门采用钢制闸阀。首先由地面向上画出 1150mm，用水平尺画出一条水平线，然后将冷、热水阀门中心位置画出，测量尺寸，配管上零件，在阀门上方加活接头。根据淋浴器组数预制短管，并按顺序组装，安装时应注意男、女浴室喷头的高度。

4. 洗涤用卫生洁具

(1) 洗涤盆。洗涤盆多装在住宅厨房及公共食堂厨房内，供洗涤碗碟和食物用。常用的洗涤盆多为陶瓷制品，也有采用钢筋混凝土磨石子制成。一般住宅厨房用洗涤盆安装如图 3-63 所示。

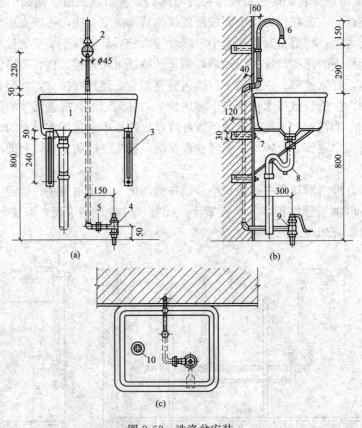

图 3-63　洗涤盆安装

（a）立面图；（b）侧面图；（c）平面图

1—洗涤盆；2—管卡；3—托架；4—脚踏开关；5—活接头；

6—洗手喷头；7—螺栓；8—存水弯；9—弯头；10—排水栓

　　洗涤盆排水管口径为 φ50，排水管如是通往室外的明沟，也可不设置存水弯；如与排水立管连接，则应装设存水弯。安装排水栓时，应垫上橡胶圈并涂上油灰，并注意将排水栓溢流孔对准洗涤盆溢流孔，然后用力将排水栓压紧，在下面用根母将排水栓拧紧，这时应有油灰挤出，挤在外面的油灰可用纱布擦拭干净，挤在里面的应注意防止堵塞溢流孔。安装好排水栓后，可接着将存水弯连接到排水栓上。

　　洗涤盆如只装冷水龙头，则龙头应与盆的中心对正；如设置冷热水龙头，则可按照热水管在上、冷水管在下、热水龙头在左上方、冷水龙头在右下方的要求进行。冷热水两横管的中心间距为 150mm。

　　（2）污水盆。污水盆也叫拖布盆，多设在公共厕所或盥洗室中，一般盆口距地面较低，盆身洗涤一般为 400～500mm。污水盆有落地式和架空式两种：落地式直接置于地坪上，盆高 500mm；架空式污水盆上沿口安装高度为 800mm，盆脚采用砖砌支墩或预制混凝土块支墩。污水盆构造及安装如图 3-64 所示。

　　一般污水盆的管道配置较为简单。砌筑时，为方便排水盆底宜形成一定坡度。排水栓为 DN50，安装时应抹上油灰，然后再固定在污水盆出水口处。存水弯一般为 S 形铸铁存水弯。

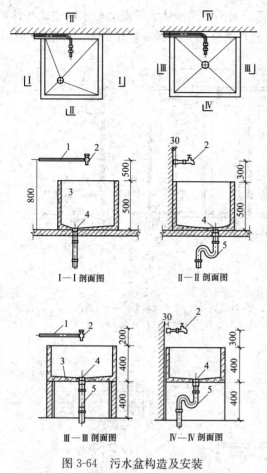

图 3-64　污水盆构造及安装

1—给水管；2—龙头；3—污水池；

4—排水栓；5—存水弯

（3）地漏安装。厕所、盥洗室、卫生间及其他房间需从地面排水时，应设置地漏。采用石带水封地漏时，排水管上加装存水弯，不宜采用水封深度只有 20mm 的钟罩式地漏。地漏一般安装在易溅水的器具及不透水地面的最低处，为方便排水，地漏顶面应低于设置处地面 5～10mm，周围地平面也要有不小于 0.01 坡度，坡向地漏。图 3-65 为地漏安装图，为阻止杂物进入管道，地漏盖有箅子。地漏本身不带有水封时，排水支管应设置水封。当地漏装在排水支管的起点时，可同时兼做清扫口用。

（4）排水栓与存水弯安装。排水栓是卫生器具排水口与存水弯间的连接件，多装于洗脸盆、浴盆、污水盆、洗涤盆上。有铜、铝、尼龙等制品，规格有 DN40 和 DN50 两种。

存水弯是装于卫生器具下的一个弯管，里面存有一定深度的水，称为水封。水封是用来阻止排水管网中的有害气体通过卫生器具进入室内，用得最多的是直径 50mm、100mm 的铸铁存水弯。

5. 便溺用卫生器具安装

（1）大便器安装。

1）坐式大便器安装。坐式大便器的形式比较多样，品种也各异。坐式大便器本身有存

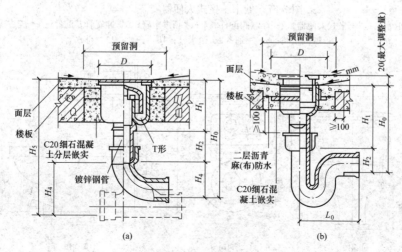

图 3-65　地漏安装

（a）有水封地漏；（b）无不封地漏

水弯，多用于住宅、宾馆、医院等。坐式大便器分为高水箱坐式大便器和低水箱坐式大便器两种。高水箱坐式大便器安装如图 3-66 所示，低水箱坐式大便器安装如图 3-67 和图 3-68 所示，主要材料表见表 3-22。

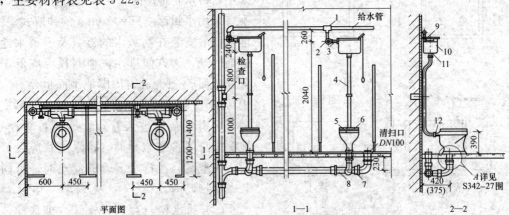

图 3-66　高水箱坐式大便器安装

1—三通；2—角式截止阀；3—浮球阀配件；4—冲洗管；5—坐式大便器；6—盖板；
7—弯头；8—三通；9—弯头；10—高水箱；11—冲洗管配件；12—胶皮碗

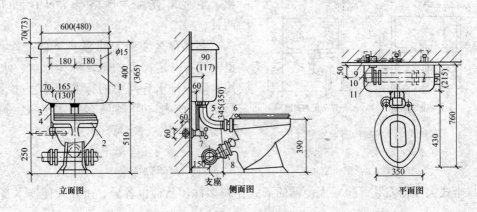

图 3-67　低水箱坐式大便器安装（一）

1—低水箱；2—坐式大便器；3—浮球阀配件；4—水箱进水管；5—冲洗管及配件；6—胶皮碗；
7—角型截止阀；8—三通；9—给水管；10—三通；11—排水管

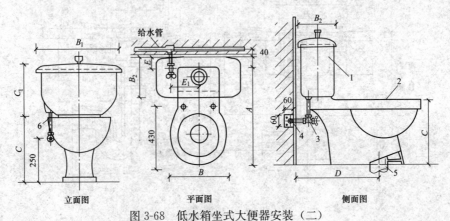

图 3-68　低水箱坐式大便器安装（二）

1—低水箱；2—坐式大便器；3—角式截止阀；4—三通；5—排水管；6—水箱进水管

编号	名称	规格	材料	单位	数量
1	低水箱	5 号或 12 号	陶瓷	个	1
2	坐式便器	3 号或 4 号	陶瓷	个	1
3	浮球阀配件	DN15	铜	套	1
4	水箱进水管	DN15	通关或镀锌钢管	米	0.26
5	冲洗管及配件	DN50	铜管或塑料管	套	1
6	锁紧螺母	DN50	铜或尼龙	套	1
7	角式截止阀	DN15	铜	个	1
8	三通	—	锻铁	个	1
9	给水管	—	镀锌钢管	—	

表 3-22　低水箱坐式大便器主要材料

2）蹲式大便器安装。蹲式大便器使用时身体不直接接触大便器，卫生条件较好，特别适合于集体宿舍、机关大楼等公共建筑的卫生间内。蹲式大便器本身不带水封，需要另外装置铸铁或陶瓷存水弯。铸铁存水弯分为 S 形和 P 形，S 形存水弯一般用于低层，P 形存水弯一般用于楼间层。大便器一般都安装在地面以上的平台上以便装置存水弯。高水箱冲洗管与大便器连接处，为防生锈渗漏，扎紧皮碗时一定用 14 号铜丝，禁用铁丝；为便于以后更换或检修，此处应留出小坑，填充砂子，上面装上铁盖；大便器在排水接口应用油灰将里口抹平挤实，接口处应用白灰麻刀及砂子混合物填充，保证接口的严密性，以防渗漏。蹲式大便器有低水箱蹲式大便器和高水箱蹲式大便器，其安装如图 3-69 和图 3-70 所示。

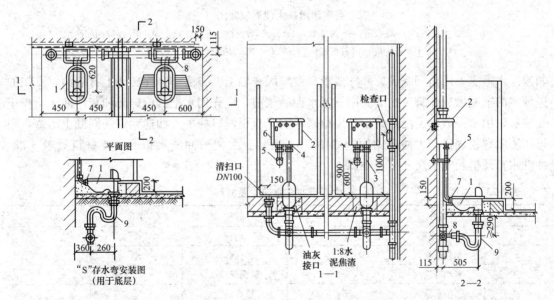

图 3-69　低水箱蹲式大便器安装图（一台阶）

1—蹲式大便器；2—低水箱；3—冲洗管；4—冲洗管配件；5—角式截止阀；
6—浮球阀配件；7—胶皮碗；8—90°三通；9—存水弯

3）大便槽安装。大便槽的起端一般装有自动或手拉冲洗水箱，水箱底部距踏步面不应小于 1.8m，水箱可用 1.5mm 厚的钢板焊制，制成后内外涂防锈底漆两遍，外刷灰色面漆

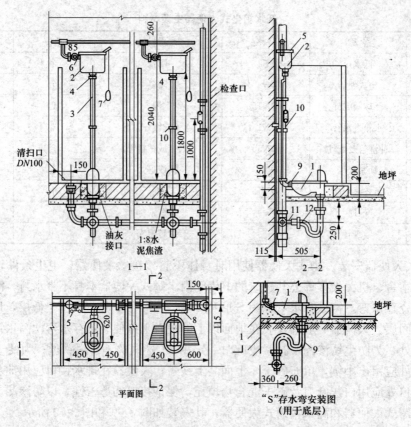

图 3-70　高水箱蹲式大便器安装图（一台阶）

1—蹲式大便器；2—高水箱；3—冲洗管；4—冲洗管配件；5—角式截止阀；6—浮球阀配件；
7—拉链；8—弯头；9—胶皮碗；10—单管立式支架；11—90°三通；12—存水弯

两遍。水箱支架用角钢制成，并按要求高度牢固在墙上，方法是：在砖墙上打墙洞，支架伸进墙洞的末端做成开脚，在墙洞内填塞水泥砂浆前，应先用水把洞内碎砖和灰沙冲净，校正支架后，用水泥砂浆及浸湿的小砖块填塞墙洞，直至洞口抹平。如遇到钢筋混凝土墙壁，则可用膨胀螺栓固定。大便槽的构造如图 3-71 所示。大便槽冲洗水箱的主要材料见表 3-23，冲洗水箱规格及支架尺寸见表 3-24。

表 3-23　　　　　　　　　　大便槽冲洗水箱主要材料

编号	名称	规格	材料	单位	数量
1	冲洗水箱	—	钢板	个	1
2	水箱进水阀	DN15	铜	个	1
3	自动冲洗阀	—	铸铜或铸铁	个	1
4	给水管	DN15	镀锌钢管	米	1
5	截止阀	DN15	铜或铸铁	个	1
6	冲洗管	DN50	钢管	米	2
7	支架	L50×50×5 L36×36×4	角铁	个	1
8	管接头	DN50	锻铁	个	1

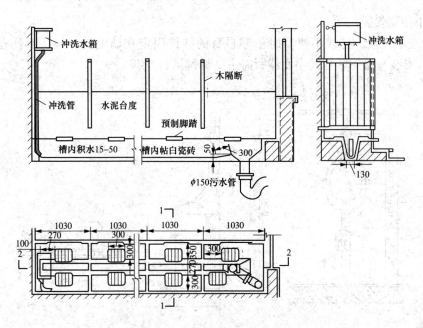

图 3-71 大便槽的构造

表 3-24   冲洗水箱规格及水箱支架尺寸

水箱规格/mm				水箱支架尺寸/mm				
容量/L	长	宽	高	长	宽	支架角长	冲水管管径	进水管距箱高度
30	450	250	340	460	260	260	40	280
45.6	470	300	400	480	310	260	40	340
57	550	300	400	560	310	260	50	340
68	600	350	400	610	360	260	50	340
83.6	620	350	450	630	360	260	65	380

大便槽冲洗水箱的冲洗管一般选用镀锌钢管或塑料管，其管径大小由蹲位的多少而定。为增强水的冲刷力，冲洗管的下端应有 45°角的弯斗。为便于控制冲洗，冲洗管应用管卡固定，必要时也可装上旋塞阀。

大便槽的蹲位最多不能超过 12 个，大便槽如为男女合用一个水箱及污水管口，则冲洗水流方向应由男厕所往女厕所，不得反向。大便槽污水管的管径如设计无规定时，可按表 3-25 的要求选用。

表 3-25   大便槽冲洗管、污水管管径及每蹲位冲洗水量

蹲位数	1～3	4～8	9～12
冲洗管管径/mm	40	50	70
每蹲位冲洗水量/L	15	12	11
污水管管径/mm	100	150	150

大便槽的污水管必须安装存水弯，污水口中心与污水立管中心距离应视所采用的存水弯的形式及三通、弯头等管件尺寸而定。

（2）小便器安装。

1）挂式小便器。挂式小便器时依靠自身的挂件固定在墙上的，挂式小便器安装如图3-72所示，安装每组一联挂式小便器所需主要材料见表3-26。

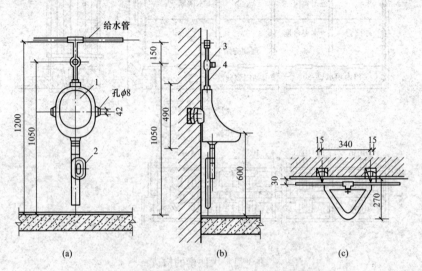

图 3-72　挂式小便器安装

（a）立面图；（b）侧面图；（c）平面图

1—挂式小便器；2—存水弯；3—角式截止阀；4—短管

表 3-26　　　　　　　　　　　安装每组一联挂式小便器所需主要材料

序号	名称	规格/mm	单位	数量
1	小便器	—	个	1
2	高水箱	—	个	1
3	存水弯	DN32	个	1
4	自动冲洗管配件	（一联）	套	1
5	螺纹门	DN15	个	1
6	水箱进水嘴	DN15	个	1
7	水箱冲水阀	DN32	个	1
8	钢管	DN15	m	0.3

① 首先从给水甩头中心向下吊坠线，并将垂线画在安装小便器的墙上，量尺画出安装后挂耳中心水平线，将实物量尺后在水平线上画出两侧挂耳间距及四个螺钉孔位置的十字记号。在上下两孔间凿出洞槽预埋防腐木砖，或者凿剔小预栽木螺栓。下好的木砖面应平整，外表面与墙平齐，且在木砖的螺栓孔中心位置上钉上铁钉，铁钉外露装饰墙面。待墙面装饰做完，木砖达到强度，拔下铁钉，把完好无缺的小便器就位，用木螺栓加上铅垫，把挂式小便器牢固地安装在墙上，小便器安装尺寸如图3-73所示，小便器配件如图3-74所示。

② 用短管、管箍、角型阀连接给水管甩头与小便器进水口，冲洗管应垂直安装，压盖安设后均应严实、稳固。

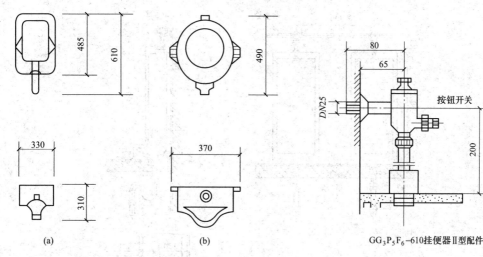

图 3-73 挂式小便器安装尺寸
（a）新型挂式小便器；（b）挂式小便器

图 3-74 挂式小便器配件

GG₃P₅F₆-610挂便器Ⅱ型配件

③ 取下排水管甩头临时封堵，擦净管口，在存水弯管承口内周围均应填匀油灰，下插口缠上麻丝，涂抹铅油，套好锁紧螺母和压盖，连接挂式小便排出口和排水管甩头口，然后扣好压盖，拧紧锁母。存水弯安装时，应理顺方向后找正，不可别管，否则容易造成渗水，中间如用丝扣连接或加长，可用活节固定。

自动冲洗挂式小便器安装如图 3-75 所示。

2）立式小便器。立式小便器安装在卫生设备标准较高的公共建筑男厕中，多为成组装置。

立式小便器安装前，应检查排水管与给水管甩头是否在一条垂直线上，符合要求后，将排水管甩头清扫干净，取下临时封堵，用干净布擦净承口内，抹好油灰安上存水弯管。立式小便器安装如图 3-76 所示。

在立式小便器排出孔上用 3mm 厚橡胶圈及锁母组合安排好排水栓，在坐立小便器的地面上铺设好水泥、白灰膏的混合浆（1∶5），将存水弯管的承口内抹匀油灰，便可将排水栓短管插入存水弯口内，再将挤出来的油灰抹平，找均匀，然后将立式小便器对准上下中心坐稳就位。经校正安装位置与垂直度，符合要求后，将角式长柄截止阀的丝扣上缠好麻丝抹匀铅油，穿过压盖与给水管甩头连接，用扳子上至松紧适度，压盖内加油灰按实压平与墙面靠严。角型阀出口对准喷水鸭嘴，量出短接尺寸后断管，套上压盖与锁母分别插入喷水鸭嘴和角式长柄截止阀内。拧紧接口，缠好麻丝，抹上铅油，

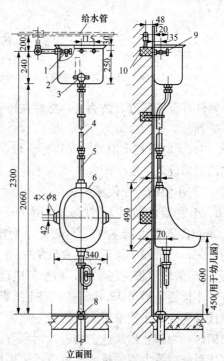

图 3-75 自动冲洗挂式小便器安装
1—水箱进水阀；2—高水箱；3—自动冲洗阀；4—冲洗管及配件；5—连接管及配件；6—挂式小便器；7—存水弯；8—压盖；9—角式截止阀；10—弯头

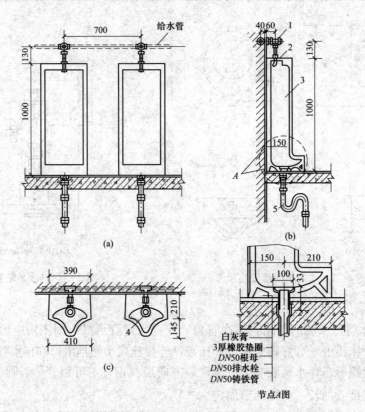

图 3-76　立式小便器安装

（a）立面图；（b）侧面图；（c）平面图

1—延时自闭冲洗阀；2—喷水鸭嘴；3—立式小便器；4—排水栓；5—存水弯

拧紧锁母至松紧度合适为止，然后在压盖内加油灰按平即可。自动冲洗立式小便器安装如图3-77 所示。

3）光电数控小便器。安装方法与立式小便器安装方法相同，如图 3-78 所示，其光电数控的附属设施的安装配合电气、土建等其他工种完成。

4）小便槽。小便槽的长度无明确规定时按设计要求，一般不超过 3.5m，最长不超过6m，小便槽的起点深度应在 100mm 以上，槽底宽 150mm，槽顶宽 300mm，台阶宽300mm，高 200mm 左右，台阶向小便槽有 0.01～0.02 的坡度。小便槽的污水口可设在槽的中间，也可设于靠近污水立管的一端，但不管是中间还是某一端，从起点至污水口，均应有 0.01 的坡度坡向污水口，污水口应设置罩式排水栓。

小便槽应沿墙130mm 高度以下铺贴白瓷砖，以防腐蚀，但也可用水磨石或水泥砂浆粉刷代替瓷砖。小便槽污水管管径一般为75mm，在污水口的排水栓上装有存水弯。在砌筑小便槽时，为防止砂浆或杂物进入污水管内，污水管口可用木头或其他物件堵住，待土建施工完毕后，再装上罩式排水栓，也可采用格栅的铸铁地漏。小便槽安装如图 3-79 所示。

小便槽的冲洗方式有自动冲洗水箱用普通阀门控制的多孔管冲洗。多孔管安装在离地面1.1m 的位置，管径不小于 20mm，管的两端用管帽封闭，喷水孔孔径为 2mm，孔距为30mm。安装时，孔的出水方向应与墙面成 45°的夹角。一般地说，多孔冲洗管较易受到腐蚀，故宜采用塑料管。

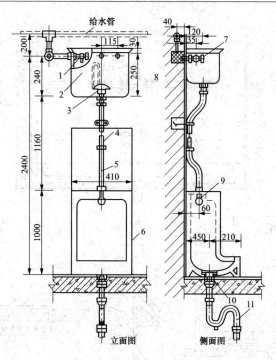

图 3-77　自动冲洗立式小便器安装

1—水箱进水阀；2—高水箱；3—自动冲洗阀；4—冲洗管及配件；5—连接管及配件；
6—立式小便器；7—角式截止阀；8—弯头；9—喷水鸭嘴；10—排水栓；11—存水弯

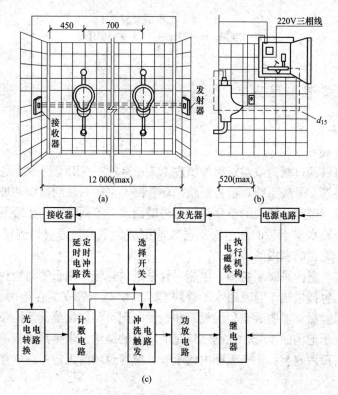

图 3-78　光电数控小便器

（a）立面图；（b）侧面图；（c）原理图

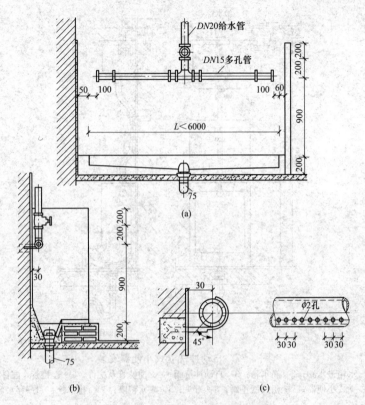

图 3-79 小便槽安装

(a) 立面图；(b) 侧面图；(c) 多孔管详图

3.3 采暖专业安装工程施工

3.3.1 采暖管道安装

1. 室内采暖管道安装

室内采暖管道以入口阀门或建筑物外墙皮 1.5m 为界。使用管材主要是钢管，也有采用铝塑复合管和塑料管。采暖系统管道为闭路循环管路，采暖系统的坡向和坡度必须严格按设计施工，以保证顺利排除系统中的空气和收回采暖回水。不同热媒的采暖系统有不同的坡向和坡度要求，在安装水平干管时，绝对不许装成倒坡。室内管道要做到横平竖直、规格统一、外观整齐，不能影响室内的美观。

（1）干管安装。室内采暖系统中，供热干管是指供热管、回水管与数根采暖立管相连接的水平管道部分，包括供热干管及回水干管两类。当供热干管安装在地沟、管廊、设备层、屋顶内时，应做保温层；而明装于顶层板下和地面时则可不做保温。不同位置的采暖干管安装时机也不同：位于地沟的干管，在已砌筑完清理好的地沟、未盖沟盖板前进行；位于顶层的干管，在结构封顶后安装；位于天棚内的干管，应在封闭前进行；位于楼板下的干管，在楼板安装后进行。

1）画线定位。首先应根据施工图所要求的干管走向、位置、标高和坡度，检查预留孔洞，挂通线弹出管子安装的坡度线；为便于管道支架制作和安装取管沟标高作为管道坡度线的基准，为保证弹画坡度线符合要求，挂通线时如干管过长，挂线不能保证平直度时，中间应加铁钎支承。

2）管段加工预制。按施工草图进行管段的加工预制，包括断管、套丝、上零件、调直、核对好尺寸，按环路分组编号，码放整齐。

3）安装卡架。按设计要求或规定间距安装。吊卡安装时，先把吊棍按坡向、顺序依次穿在型钢上，吊环按间距位置套在管上，再把管抬起穿上螺栓拧上螺母，将管固定。安装托架上的管道时，先把管就位在托架上，把第一节管装好 U 形卡，然后安装第二节管，以后各节管均照此进行，紧固好螺栓。

4）干管就位安装。

① 干管安装应从进户或分支路点开始，装管前要检查管腔并清理干净。在丝头处涂好铅油缠好麻，一人在末端抹平管道，一人在接口处把管相对固定对准丝扣，慢慢转动入扣，用一把管钳咬住前节管件，用另一把管钳转动管到松紧适度，对准调直时的标记，要求丝扣外露 2～3 扣，并清掉麻头，依次方法装完为止。

管道地上明设时，可在底层地面上沿墙敷设，过门时设过门地沟或绕行，如图 3-80 所示。

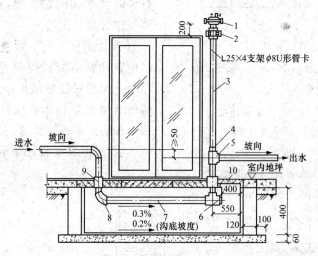

图 3-80　采暖管道过门
1—排气阀；2—闸板阀；3—空气管；4—补芯；5—三通；
6—丝堵；7—回水管；8—弯头；9—套管；10—盖板

② 制作羊角弯时，应搣两个 75°左右的弯头，在连接处锯出坡口，主管锯成鸭嘴形，拼好后即应点焊、找平、找正、找直，然后再进行施焊。羊角弯结合部位的口径必须与主管口径相等，其弯曲半径应为管径的 2.5 倍左右。干管过墙安装分路做法，如图 3-81 所示。

③ 干管与分支干管连接时，应避免使用 T 形连接，否则，当干管伸缩时有可能将直径较小的分支干管连接焊口拉断。正确的连接如图 3-82 所示。

④ 分路阀门离分路点不宜过远。如分路处是系统的最低点，必须在分路阀门前加泄水丝堵。集气罐的进出水口，应开在偏下约为罐高的 1/3 处。丝接应与管道连接调直后安装。其放风管应稳固，如不稳可装两个卡子。集气罐位于系统末端时，应装托卡、吊卡。

⑤ 采用焊接钢管，先把管子调直，清理好管腔，将管运到安装地点，安装程序从第一

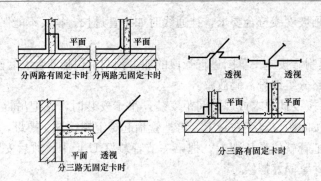

图 3-81　干管过墙安装分路做法

节开始；把管就位找正，对准管口使预留口方向准确，找直后用气焊点焊固定，然后施焊，焊完后应保证管道正直。

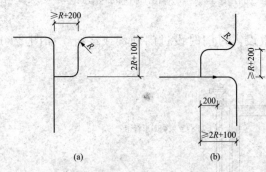

图 3-82　干管与分支干管连接

(a) 水平连接；(b) 垂直连接

⑥ 遇有伸缩器，应在预制时按规范要求做好预拉伸，并做好记录，按位置固定，与管道连接好。波纹伸缩器应按要求位置安装好导向支架和固定支架，并分别安装阀门、集气罐等附属设备。

⑦ 管道安装完，检查坐标、标高、预留口位置和管道变径等是否正确，然后找直，用水平尺校对复核坡度，调整合格后，再调整吊卡螺栓 U 形卡，使其松紧适度，平正一致，最后焊牢固定卡处的止动板。

⑧ 摆正或安装好管道穿结构处的套管，填堵管洞口，预留口处应加好临时管堵。

穿墙套管做法如图 3-83 所示。

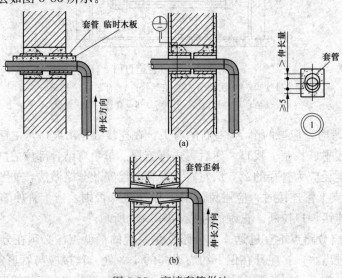

图 3-83　穿墙套管做法

(a) 正确做法；(b) 错误做法

5）试压。干管安装完毕后，为方便进行该管段的油漆和保温应进行阶段性的管道试压，室内采暖系统的压力试验常采用水压试验。

（2）立管安装。立管安装一般在抹灰后散热器安装完毕后进行，如需在抹地板前安装，要求土建的地面标高必须准确。

1）预留孔洞检查。核对各层预留孔洞位置是否垂直，吊线、剔眼、栽卡子。将预制好的管道按编号顺序运到安装地点。

2）管道安装。

① 立管穿过楼板，其上部同心收口的套管用于普通房间的采暖立管；下部端面收口的套管用于厨房或卫生间的立管。

② 管道连接。安装前先卸下阀门盖，有钢套管的先穿到管上，按编号从第一节开始安装。涂铅油缠麻丝将立管对准接口转动入扣，一把管钳咬住管件，一把管钳拧管，拧到松紧适度，对准调直时的标记要求，丝扣外露2～3扣，直到预留口平正为止，并清理干净麻头。依次顺序向上或向下安装到终点，直至全部立管安装完。

③ 立管支干管连接。采暖干管一般布置在离墙面较远处，需要通过干、立管间的连接短管使立管能沿墙边而下，少占建筑面积，还可减少干管膨胀对支管的影响，这些连接管的连接形式如图 3-84～图 3-87 所示。

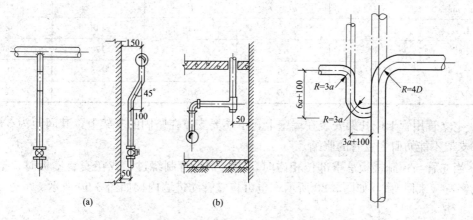

图 3-84　干管与立管连接形式　　　　图 3-85　主立管与分支干管连接形式
（a）与热水（汽）管连接；（b）与回水干管连接

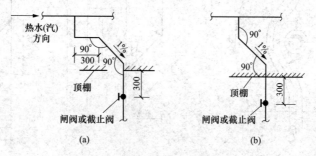

图 3-86　顶棚内立管与干管连接图
（a）蒸汽采暖（四层以下）热水采暖（五层以上）；
（b）蒸汽采暖（三层以下）热水采暖（四层以上）

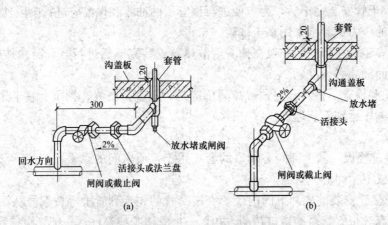

图 3-87　地沟内干管与立管连接形式

(a) 地沟内干管与立管连接；(b) 在 400×400 管沟内干立管连接

④ 立管与支管垂直交叉位置。当立管与支管垂直交叉时，立管应设半圆形让弯绕过支管，具体做法如图 3-88 所示，加工尺寸见表 3-27。

表 3-27　　　　　　　　　　　　　　　让弯尺寸

DN/mm	α (°)	α_1 (°)	R	L	H
15	94	47	50	146	32
20	82	41	65	170	35
25	72	36	85	198	38
32	72	36	105	244	42

⑤ 主立管用管卡或托架安装在墙壁上，下端要支撑在坚固的支架上，其间距为 3～4m，管卡和支架不能妨碍主立管的胀缩。

⑥ 当立管与预制楼板承重部位相碰时，应将钢管弯制绕过，或在安装楼板时，把立管弯成乙字弯（来回弯），如图 3-89 所示；也可将立管缩进墙内，如图 3-90 所示。

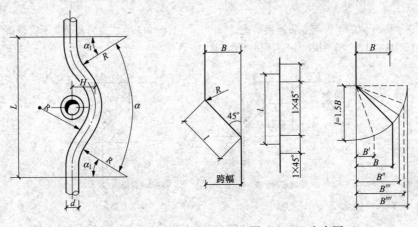

图 3-88　让弯加工　　　　　　　　　图 3-89　乙字弯图

⑦ 立管固定。检查立管的每个预留口标高、方向、半圆弯等是否准确、平正。将事先

裁好的管卡子松开，把管放入卡内拧紧螺栓，用吊杆、线坠从第一节管开始找好垂直度，扶正钢套管，填塞套管与楼板间的缝隙，加好预留口的临时封堵。

（3）支管安装。

1）检查散热器安装位置及立管预留口是否准确，量出支管尺寸和灯叉弯的大小。支管支散热器连接如图3-91所示。

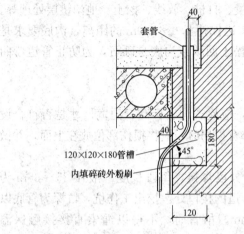

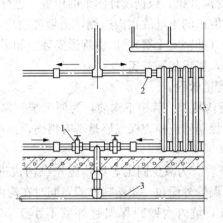

图3-90 立管缩墙安装图

图3-91 支管的安装

1—闸阀；2—活接头；3—回水干管

2）配支管，按量出支管的尺寸，减去灯叉弯的尺寸，然后断管、套丝、搣灯叉弯和调直。将灯叉弯两天抹铅油缠麻，装好油任，连接散热器，把麻头清洗干净。

3）为达到美观，暗装或半暗装的散热器灯叉弯必须与炉片槽墙角相适应。

4）用钢尺、水平尺、线坠校对支管的坡度和平行距墙尺寸，并复查立管及散热器有无移动。按设计或规定的压力进行系统试压及冲洗，合格后办理验收手续，并将水泄净。

5）立支管变径，不宜使用铸铁补芯，应使用变径管箍或焊接法。

2．室外采暖管道安装

（1）直埋敷设。直埋敷设是讲供热管道直接埋于土壤中的一种方式。供热管网采用无沟敷设在国内外已得到广泛应用。目前采用最多的结构形式为整体式预制保温管，即将采暖管道、保温层和保护外壳三者紧密地粘接在一起，形成一个整体，如图3-92所示。

预制保温管多采用硬质聚氨酯泡沫塑料作为保温材料。它是由多元醇和异氢酸盐两种液体混合发泡固化而形成的。硬质聚氨酯泡沫塑料的密度小，导热系数低，保温性能好，吸水性小，并具有足够的机械强度，但耐热温度不高。

预制保温管的保护外壳多采用高密度聚乙烯硬质塑料管。高密度聚乙烯具有较高的机械性能，耐磨损、抗冲击性能较好；化学稳定性好，具有良好的耐腐蚀性和抗老化性能。它可以焊接，便

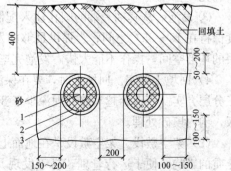

图3-92 预制保温管直埋敷设

1—钢管；2—硬质聚氨酯泡沫塑料保温层；

3—高密度聚乙烯保温外壳

于施工。

预制保温管在工厂或现场制造。为方便在现场管线的沟槽内焊接，预制保温管的两端，留有约 200mm 长的裸露钢管，最后再将接口处作保温处理。

施工安装时在管道槽沟底部要预先铺约 100~150mm 厚的 1~8mm 粗砂砾夯实，管道四周填充砂砾，填砂高度约 100~200mm 后，再回填原土并夯实。

1）管沟开挖。根据设计图纸的位置，进行测量、打桩、放线、挖土、地沟垫层处理等。挖沟时将取出的土堆放在沟边侧，土堆底边应与沟边保持 0.6~1.0m 的距离，沟底要求是自然土壤（即坚实土壤），以便管道安装。如果是松土回填或沟底是砾石，为防止管道弯曲受力不均，要求找平夯实。

2）管道敷设。

① 管沟检查。管道下沟前，为便于统一修理，应检查沟底标高、沟宽尺寸是否符合设计要求，保温管应检查保温层是否有损伤，如局部有损伤时，应将损伤部位放在上面，并做好标记。

② 下管。为减少固定焊口，应先在沟边进行分段焊接，每段长度一般在 25~35m 为宜。在保温管外面包一层塑料薄膜，同时在沟内管道的接口处，挖出工作坑，坑深为管底以下 200mm，坑内沟壁距保温管外壁不小于 500mm。吊管时，不得以绳索直接接触保温外壳。

③ 管子连接。管子就位后，清理官腔找平找直后进行焊接。有报警线的预制保温管，安装前应测试报警线的通断状况和电阻值，合格后再下管进行对口焊接。报警线应装在管道上方。若报警线受潮，应采取预热、烘烤等方式干燥。

3）接口保温。

① 套袖安装。接口保温前，首先将接口需要保温的地方用钢刷和砂布打净，将套袖套在接口上，套袖与外壳保护管间用塑料热空气焊连接，也可采用热收缩套。两者间的搭接长度每端不小于 30mm，安装前须做好标记，保持两端搭接均匀。为备试验和发泡时使用，在套袖两端各钻一个圆锥形孔。

② 接头气密性试验。套袖安装完毕后，发泡前应进行气密性试验。将压力表盒充气管接头分别装在两个圆孔上，通入压缩气体，充气压力位 0.02MPa。检查合格后，拆除压力表和充气管接头。

③ 发泡。从套袖一端的圆孔注入配制好的发泡液，另一端的圆孔则用作排气，灌注温度保持在 15~35℃之间；为提供最够的发泡时间，确保保温材料发泡膨胀后能充满整个接头的环形空间，操作不能太快。发泡完毕，即用与外壳相同材料注塑堵死两个圆孔。

4）回填土夯实。回填土时，要在保温管四周填 100mm 细砂，再填 300mm 素土，用人工分层夯实。管道穿越马路处埋深少于 800mm 时，应做套管或做成简易管沟加盖混凝土盖板，沟内填砂处理。

（2）架空敷设。架空敷设是在地面上或附墙支架上的敷设方式。它具有不受地下水位和土质的影响，便于运行管理，易于发现并消除故障的优点，但占地面积较多，管道热损失大，影响城市美观。

1）架空敷设形式。供热管道架空敷设的独立支架按照支架的高度不同，可以有以下三种架空敷设形式，如图 3-93 所示。

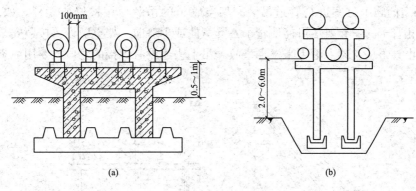

图 3-93 独立支架
(a) 低支架；(b) 中、高支架

① 低支架。在不妨碍交通、不影响厂区扩建的场合，可采用低支架敷设。通常是沿着工厂的围墙或平行于公路或铁路敷设。采暖管道保温结构底距地面净高不得小于 0.3m，以避免雨雪的侵袭，低支架敷设可以节省大量土建材料，建设投资小，施工安装方便，维护管理容易，但其适用范围太窄。

② 中支架。在人行频繁和非机动车辆通行地段，可采用中支架敷设。管道保温结构底距地面净高 2.0～4.0m。

③ 高支架。管道保温结构底距地面净高为 4m 以上，一般为 4.0～6.0m。其在跨越公路、铁路或其他障碍物时采用。

架空敷设的供热管道可以和其他管道敷设在同一支架上，但应便于检修，且不得架设在腐蚀性介质管道的下方。

架空敷设所用的支架按其构成材料可分为砖砌、毛石砌、钢筋混凝土结构（预制或现浇）、钢结构和木结构等。

支架多采用独立式支架，为了加大支架间距，有时采用一些辅助结构，如在相邻的支架间附加纵梁、桁架、悬索、吊索等，从而构成组合式支架。

供热管道架空敷设是较为经济的一种敷设方式。它不受地下水位和土质的影响，便于运行管理，易于发现和消除故障，但占地面积较多，管道的热损失较大，易影响城市美观。

架空敷设通常适用于地下水位较高、年降雨量大、土质为湿陷性黄土或腐蚀性土壤；选用地下敷设时，必须进行大量土石方工程或地形复杂的地段，地下设施密度大，难以采用地下敷设的地段或在工业企业中有其他管道，可共架敷设的场合。

2）架空敷设要求。

①按设计规定的安装位置、坐标，量出支架上的支座位置，安装支座。

架空敷设的供热管道安装高度，如设计无要求，应符合下列规定：

a. 人行地区不应低于 2.5m。

b. 通行车辆地区，不应低于 4.5m。

c. 跨越铁路距轨顶不应低于 6m。

d. 安装高度以保温层外表面计算。

② 支架安装牢固后，进行架设管道安装，管道和管件应在地面组装，长度以便于吊装为宜。

③ 按预定的施工方案进行管道吊装。架空管道的吊装使用检修或桅杆，如图 3-94 所示。绳索绑扎管子的位置要尽可能使管子不受弯曲或少弯曲。架空敷设要按照安全操作规程施工。为防止管子从支架上滚下来发生事故，吊上去还没有焊接的管段，要用绳索把它牢固地绑在支架上。

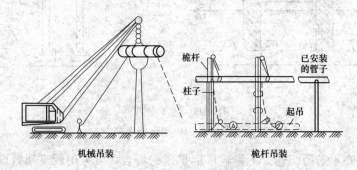

机械吊装　　　　　桅杆吊装

图 3-94　架空管道吊装

④ 管道安装的坡度要求如下：

a. 热水采暖和热水供应的管道及汽水同向流动的蒸汽和凝结水管道，坡度一般为 0.003，但不得小于 0.002。

b. 为利于系统排水和放气，汽水逆向流动的蒸汽管道，坡度不得小于 0.005。

⑤ 采用丝扣连接的管道，吊装后随即连接；采用焊接时，管道全部吊装完毕后再焊接。焊缝不许设在托架和支座上，管道间的连接焊缝与支架间的距离应大于 150～200mm。

⑥ 按设计和施工各规定位置，分别安装阀门、集气罐、补偿器等附属设备并与管道连接好。

⑦ 管道安装完毕，要用水平尺在每段管上进行一次复核，找正调直，使管道在一条直线上。

⑧ 摆正或安装好管道穿结构处的套管，填堵管洞，预留口处应加好临时管堵。

⑨ 按设计或规定的要求压力进行冲水试压，合格后办理验收手续，把水泄净。

⑩ 管道防腐保温，应符合设计要求和施工规范规定，注意做好保温层外的防雨、防潮等保护措施。

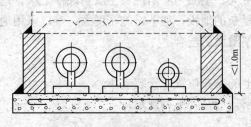

图 3-95　不通行地沟

（3）地沟敷设。

1）地沟形式。根据地沟尺寸是否适于维修人员通行分为不通行、半通行和通行地沟。

不通行地沟如图 3-95 所示，适于管径小、数量少时采用。地沟断面尺寸能满足施工安装要求即可，净高不超过 1m，沟宽一般不超过 1.5m。沟内管道或保温层外表面到沟壁表面距离为 100～150mm，到沟底距离为 100～200mm，到沟顶距离为 50～100mm；管道或保温层外表面间距为 100～150mm。

在半通行地沟内，操作人员可以进行管道检查并完成小型修理工作，但更换管道等大修工作仍需挖开地面进行，其结构形式如图 3-96 所示。

通行地沟结构如图 3-97 所示，当管道数量多，需要经常检修，或与主要道路、公路和铁路交叉，不允许开挖路面时采用。地沟净高不小于 1.8m，通道宽 0.6～0.7m。管道到沟壁、底、顶的距离应不小于半通行地沟要求的距离。管道保温表面间的净距等于或大于 150mm。

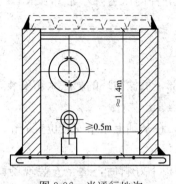

图 3-96　半通行地沟

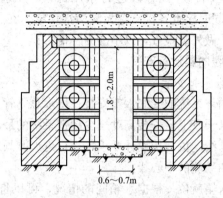

图 3-97　通行地沟

根据工人检修劳动保护条件的要求，沟内空气温度不应超过 40～50℃；应有良好的通风条件，尽量利用自然通风，特殊情况可使用机械通风；应有电压不超过 36V 的安全照明设施。

2）施工要求。

① 基本要求。

a. 通行地沟：净高一般不小于 1.8m，净空通道宽不小于 0.6m。

b. 半通行地沟：净高不小于 1.4m，通道净空不小于 0.4m。

② 管道敷设。

a. 将钢管放到沟内，逐段码成直线进行对口焊接，连接好的管道找好坡度。泄水阀安装在阀门井内。

b. 找正钢管，使管子与管沟壁之间距离以及两管之间的距离，能保证管子可以横向移动。在同一条管道，两个固定支架间的中心线应成直线，每 10m 偏差不应超过 5mm。整个管段在水平方向的偏差不应超过 50mm；垂直方向的偏差不应超过 10mm。一旦管道位置调整好后，立即将各固定支架焊死，管道与支架间不应有空隙，焊口也不准放在支架上。

c. 供热管道的热水、蒸汽管，如设计无要求，应敷设在载热介质前进方向的右侧。

d. 地沟内的管道安装位置，其净距宜符合下列规定：

管道自保温层外壁到沟壁面 100～150mm；

管道自保温层外壁到沟底面 100～200mm；

管道自保温层外壁到沟顶：

不通行地沟 50～100mm；

半通行地沟和通行地沟 200～300mm。

e. 焊接活动支架：不同管径的活动支架间距按表 3-28 确定。

表 3-28					活动支架间距								
管径/mm	25	50	75	100	125	150	200	250	300	350	400	450	500	600
支架间距/m	2	3	4	4.5	5	6	7	8	8.5	9	9	9.5	10	10

f. 安装阀门，并分段进行水压试验，试验压力为工作压力的 1.5 倍，但不得少于 0.6MPa，同时检查各接口有无渗漏水现象，在 10 分钟内压力降小于 0.05MPa，然后降至工作压力，做外观检查，以不漏为合格。

3.3.2 采暖附属设备安装

1. 膨胀水箱安装

自然循环系统的膨胀水箱安装在供水总立管上部，机械循环的膨胀水箱安装在水泵吸入口处的回水干管上，安装高度至少超过系统的最高点 1m 左右。

（1）画线定位。按设计要求，进行量尺、画线，在基础上做出安装位置的记号，一般画一对边线和一侧的中心线。

（2）水箱就位。根据水箱间的情况，可以将钢板下好料后，运至安装现场就地焊制组装，也可将水箱预制后吊装就位。用吊装设备将水箱吊起，送往水箱间的水箱支座上方，当水箱的中心线、边线与水箱支座上定位线相重合时，落下吊钩。用水平尺和垂线检查水箱的平正程度，然后用撬棍或千斤顶调整各角的标高，垫实垫铁。

（3）水箱接管。

1）膨胀管在重力循环系统中接至供水总立管的顶端；在机械循环系统中，接至系统的恒压点，一般选择在锅炉房循环水泵吸水口前。

2）循环管接至系统定压点前水平回水干管上，为防止水箱结冰，该点与定压点间的距离为 2~3m，使热水有一部分能缓慢通过膨胀管和循环管流经水箱。

3）为方便观察膨胀水箱内是否有水，信号检查管接向建筑物的卫生间，或接向锅炉房内，一般装在距膨胀水箱顶部 100mm 的侧面。

4）对于溢流管，当水膨胀使系统内水的体积超过水箱溢流管口时，水自动溢出，可排入下水，但不能直接连接下水管道。

5）排水管在清洗水箱后放空用，可与溢流管一起接至附近排水处。

（4）水箱试验。配管完毕后，应加上管堵，并进行试验。对于敞口水箱应做满水试验，而密闭水箱则应进行水压试验。

2. 排气装置安装

（1）集气罐。集气罐一般是用直径 $\phi100\sim250$mm 的钢管焊制而成的。分为立式和卧式两种，如图 3-98 所示。集气罐应安装在采暖系统的最高点。为防止安装中常出现集气罐与楼板相碰，集气罐的出气管顶在楼板上等现象，施工前应仔细核对坡度，做好管道坡度的交底，安装管道时控制好坡度。

（2）自动排气阀。自动排气阀大都是依靠对浮体浮力，通过自动阻气和排水机构，使排气孔自动打开或关闭，达到排气的目的。

自动排气阀的种类有很多，图 3-99 所示是一种自动排气阀。当阀内无空气时，阀体中的水将浮子浮起，通过杠杆机构将排气孔关闭，阻止水流通过。当系统内的空气经管道汇集到阀体上部空间时，空气将水面压下去，浮子随之下落，排气孔打开，自动排除系统内的空

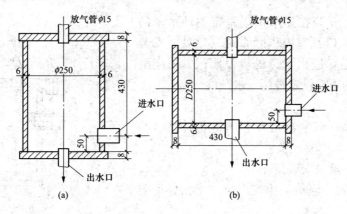

图 3-98 集气罐

（a）立式集气罐；（b）卧式集气罐

气。空气排除后，水又将浮子浮起，排气孔重新关闭。

自动排气阀与系统连接处应设阀门，便于检修和更换排气阀时使用。施工时，先安装自动止断阀，然后拧紧排气阀。

（3）手动排气阀。手动排气阀适用于公称压力 $P \leqslant 600 \mathrm{kPa}$，工作温度 $t \leqslant 100 ℃$ 的热水或蒸汽供暖系统的散热器上，如图 3-100 所示。排气阀旋紧在散热器上专设的丝孔上，以手动方式排除散热器中的空气。

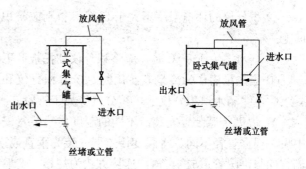

图 3-99 自动排气阀

3. 除污器安装

除污器用来截留、过滤管路中的杂质和污物，保证系统内水质洁净，防止管路阻塞。

除污器的型式有立式直通、卧式直通和卧式角通三种。图 3-101 所示是供暖系统中常用的立式直通除污器。

除污器是一种钢制筒体，当水从管 2 进入除污器内，因流速降低，使水中污物沉积到筒底，较洁净的水由管 5 流出。

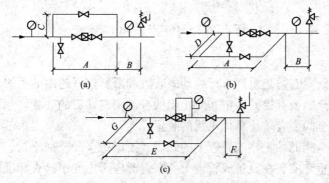

图 3-100 减压装置安装形式

（a）安装；（b）平装；（c）带均压管的鼓膜式减压阀

除污器一般应安装在热水供暖系统循环水泵的入口和换热设备入口及室内供暖系统入口处。安装时除污器不得反装，进出水口处应设阀门。还应配合土建在排污口的下方设置排污（水）坑。

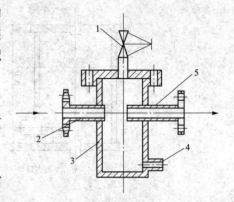

图 3-101　除污器的安装
1—排气阀；2—进水管；3—筒体；
4—排污丝堵；5—出水管

4. 热量表安装

（1）安装准备。安装前应对管道进行冲洗，并按要求设置托架。

（2）分体式热量表安装。

1）流量计安装。应根据生产厂家要求，保证前后管段的要求。

2）积分仪安装。

① 积分仪可以水平、垂直或倾斜安装在铜管段的托板上。

② 积分仪的环境温度不大于 55℃，否则应将积分仪和托板取下，安装在环境温度低的墙上。

③ 当水温大于 90℃时，应将积分仪和托板取下，安装在墙上。

④ 当热量表作为冷量表使用时，应将积分仪和托板取下，安装在墙上，同时为防止冷凝水顺电线滴水道积分仪上，积分仪应高于管段。

3）温度传感装置安装。不同的温度传感装置安装要求不同。为保证套管末端处在管道中央，根据管径不同，将温度传感器安装为垂直或逆流倾斜位置，倾斜安装时套管应迎着水流方向与供暖管道成 45°角，连接方式为焊接。套管完成后，将温度探头插入，用固定螺帽拧紧。温度传感器安装后应进行铅封。

（3）整体式热量表安装。整体式热量表的安装如图 3-102 所示，此外，还可将显示部分与主体部分分体安装，实现远程集中抄表。

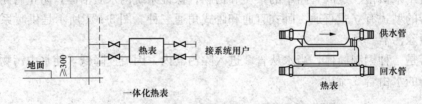

图 3-102　整体式热量表的安装

5. 安全阀安装

（1）杆式安全阀要有防止重锤自行移动的装置和限制杠杆越出的手架。

（2）弹簧式安全阀要有提升手把和防止随便拧动调整螺钉的装置。

（3）静重式安全阀要有防止重片飞脱的装置。

（4）冲量式安全阀的冲量接入导管上的阀门，要保持全开并加铅封。

（5）安全阀应垂直安装在设备或管道上，布置时应考虑便于检查和维修。设备容器上的安全阀应装在设备容器的开口上或尽可能装在接近设备容器出口的管段上，但要注意不得装在小于安全阀进口通径的管路上。

（6）安全阀安装方向应使介质由阀瓣的下面向上流动。重要的设备和管道应该安装两只安全阀。

（7）安全阀入口管线直径最小应等于其阀的入口直径，安全阀出口管线直径不得小于阀的出口直径。

（8）安全阀的出口管道应向放空方向倾斜，以排除余液，否则应设置排液管。排液阀平时关闭，定期排放。在可能发生冻结的场合，排液管道要用蒸汽伴热。

（9）安装安全阀时，也可以根据生产需要，按安全阀的进口公称直径设置一个旁路阀，作为手动放空用。

3.3.3　散热设备安装

1. 散热器安装

散热器的安装程序是画线→打洞→栽埋托钩或卡子→挂散热器。

散热器的安装分为明装、暗装和半暗装三种形式。明装为散热器全部裸露于墙的内表面安装；暗装为散热器全部嵌入墙槽内的安装；半暗装则是散热器的宽度的一半嵌入墙槽内的安装。

（1）安装的基本技术要求。

1）散热器的种类规格和安装片数，必须符合设计要求。

2）散热器的安装位置应正确，一般安装在外窗台下，也可安装于内墙上，但其中心必须与设计安装位置的中心重合，允许偏差为±20mm。

3）散热器安装必须牢固，平正，美观，直架数量和支承强度必须足够，散热器应垂直和水平。托钩和固定卡件的尺寸如图 3-103 所示。

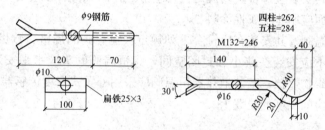

图 3-103　柱形散热器固定卡及托钩的尺寸

（2）散热器的安装。

1）散热器组对应平直紧密，组对后的平直度应符合规定。

2）散热器支架、托架安装，位置应准确，埋设牢固。支架、托架数量，应符合设计或产品说明书要求。如设计未注明时，则应符合表 3-29 的规定。

表 3-29　　　　　　　　　　　　　　　散热器支架数量

散热器型号	每组片数	上部托钩或卡架数	下部托钩或卡架数	总计	备注
60 型	1	2	1	3	
	2～4	1	2	3	
	5	2	2	4	
	6	2	3	5	
	7	2	4	6	

续表

散热器型号	每组片数	上部托钩或卡架数	下部托钩或卡架数	总计	备注
圆翼形	1	—		2	
	2	—		3	
	3~4	—		4	
柱形 M132 型 M150 型	3~8	1	2	3	柱型不带足
	9~12	1	3	4	
	13~16	2	4	6	
	17~20	2	5	7	
	21~24	2	6	8	
扁管式、板式	1	2	2	4	
串片式	每根长度小于 1.4m 长度为 1.6~2.4m 多根串联的托钩间距不大于 1m			2 3	

注 1. 轻质墙结构，散热器底部可用特制金属托架支撑。

2. 安装带腿的柱形散热器，每组所需带腿片数为：14 片以下为 2 片；15~24 片为 3 片。

3. M132 型及柱形散热器下部为托钩，上部为卡架；长翼型散热器上下均为托钩。

（3）散热器背面与装饰后的墙内表面安装距离，应符合设计或产品说明书要求，如设计未注明应为 30mm。

（4）与散热器连接的支管上应安装可拆卸件，是否安装乙字管，应视具体情况确定。

（5）散热器及其安装应符合下列规定：每组散热器的规格、数量及安装方式应符合设计要求；散热器外表面应刷非金属性涂料。

（6）散热器恒温阀及其安装在应符合下列规定：恒温阀的规格、数量应符合设计要求；明装散热器恒温阀不应安装在狭小和封闭空间，其恒温阀阀头应水平安装，且不应被散热器、窗帘或其他障碍物遮挡；暗装散热器恒温阀应采用外置式温度传感器，并应安装在空气流通且能正确反映房间温度的位置上。

2. 金属辐射板安装

（1）辐射板支架、吊架安装。

一般支架、吊架的形式按其辐射板的安装形式分类为三种，即垂直安装、倾斜安装和水平安装，如图 3-104 所示。带形辐射板的支架吊架应保持 3m 一个。

1）水平安装。辐射板安装在采暖区域的上部，板面朝下，热量向下辐射。辐射板应有小于 0.005 的坡度坡向回水管。坡度的作用是对于热媒为热水的系统，可以很快排除空气；对于热汽，可顺利排除凝结水。

2）垂直安装。单面辐射板垂直安装在墙上；双面辐射板垂直安装在柱间，板面水平辐射。

3）倾斜安装。辐射板安装在墙上、柱上或柱间，板面倾斜向下。安装时应保证辐射板中心的法线穿过工作区。

（2）辐射板安装高度。辐射板采暖时，若无设计要求，最低安装高度应符合表 3-30 要求。

· 152 ·

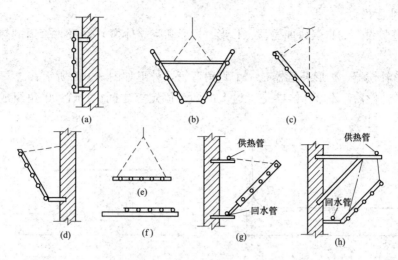

图 3-104 辐射板的支架、吊架安装

(a) 垂直安装；(b)、(c)、(d)、(g)、(h) 倾斜安装；(e)、(f) 水平安装

表 3-30		辐射板最低安装高度				m
热媒平均 温度/℃	水平安装		倾斜安装夹角与垂直面 (°)			垂直安装 （板中心）
	多管	单管	60°	45°	30°	
115	3.2	2.8	2.8	2.7	2.7	2.3
125	3.4	3.0	3.0	2.8	2.7	2.7
140	3.7	3.1	3.1	3.0	2.8	2.7
150	4.1	3.2	3.2	3.1	2.9	2.7
160	4.5	3.3	3.3	3.2	3.0	2.8
170	4.8	3.4	3.4	3.3	3.0	2.9

注 1. 本表适用于工作地点固定、站立操作人员的采暖；对于坐着或流动人员的采暖，应将表中数字降低 0.3m。

2. 在车间靠外墙的边缘地带，安装高度可适当降低。

3. 辐射板的安装可采用现场安装和预制装配两种方法。

　　块状辐射板宜采用预制装配法，为便于和干管连接，每块辐射板的支管上可先配上法兰，带状辐射板由于太长可采用分段安装。

　　块状辐射板的支管与干管连接时应有两个 90° 弯管，如图 3-105 所示。

4. 块状辐射板不需要每块板设一个疏水器。可在一根管路的几块板之后装设一个疏水器。

5. 接往辐射板的送水、送汽和回水管，不宜和辐射板安装在同一高度上。送水、送汽管宜高于辐射板，回水管宜低于辐射板，并且有不少于 0.005 的坡度坡向回水管。

6. 背面须作保温的辐射板，保温应在防腐、试压完成后施工。

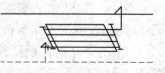

图 3-105 辐射板支管与
干管连接

3.3.4 补偿器安装

　　在直线管段上，如果两固定支架间管道的热膨胀受到限制，将会产生极大的热应力，使管子受到损坏。因此必须改置管道补偿器，减小热应力，确保管子伸缩自由。

1. 自然补偿器

利用管道敷设上的自然弯曲管段（L 形、Z 形和空立体弯）来吸收管道的热伸长变形称为自然补偿。

（1）L 形补偿器。L 形补偿器是一个直角弯管，外形如图 3-106 所示。

（2）Z 形补偿器。Z 形补偿器是管道上的两个固定点之间由两个 90°角组成的管段，如图 3-107 所示。

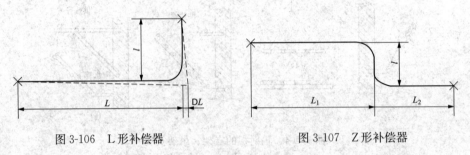

图 3-106　L 形补偿器　　　　　　　　图 3-107　Z 形补偿器

2. 方形补偿器

方形补偿器又称 II 型补偿器，常用的四种类型如图 3-108 所示。方形补偿器一般用无缝钢管揻制而成，尺寸较小的方形补偿器可以用一根管揻成，大尺寸的可用两根或三根管子揻制后焊成。补偿器作用时，基体表面受力最大，因而要求顶部用一根管子揻成，顶部不准有焊接口存在。

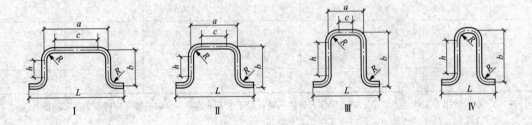

图 3-108　方形补偿器种类

（1）方形补偿器布置。方形补偿器有架空设置，更多的是设置在地沟中。但要求在补偿器的位置上，无论是单侧布管还是双侧布管，仍应保持地沟的通行程度。

（2）方形补偿器预拉伸。为了减少热应力和提高补偿能力，必须对补偿器进行预拉伸。

1）补偿器就位。将补偿器两端固定支架的焊缝焊牢。补偿器运到安装位置，并在其端部安装活动支架和弹簧支架，在两个短臂处用临时支撑将补偿器托平。

2）预拉焊口确定。预拉伸的焊口应选在距补偿器弯曲起点 2～3m 处为宜，并对好预拉焊口处的间距。

3）预拉伸。主要采用顶伸法和拉紧法进行。

① 顶伸法采用千斤顶或顶开装置进行拉伸。采用千斤顶时，将千斤顶横放在补偿器的

两臂间，加好支撑及垫块，然后启动千斤顶，这时两臂即被撑开，使预拉焊口靠拢至要求的间隙。焊口找正，对平管口用电焊将此焊口焊好，只有当两侧预拉焊口焊完后，才可将千斤顶拆除，结束预拉伸。

② 拉紧法采用拉管器进行。拉紧时，将一块厚度等于预拉伸量的木块或木垫圈夹在冷拉接口间隙内，然后在接口两侧和管壁上分别焊上挡环，将拉管器的法兰管卡卡在挡环上，在法兰管卡孔内穿入加长双头螺栓，用螺母上紧，并将木垫板夹紧，待管道上其他部件全部安装好后，把冷拉口中的木垫拿掉，收紧拉管器螺栓，拉开伸缩器直到管子接口对齐，并将两对管口点焊好，即可拆除拉管器。

3. 波形补偿器

波形补偿器是一种利用凸形金属薄壳挠性变形构件的弹性变形来补偿管道的热伸缩量，并且以金属薄壳压制而拼焊起来的补偿器，具有几乎不专门占有空间、施工简单、工作时只发生轴向变形的优点；缺点是制造较困难，耐压强度低。波形补偿器如图3-109 所示，其安装要点如下：

(1) 管道安装。将要安装补偿器的管道按无补偿器的状况先安装好，所有支架全部就位。

(2) 划线定位。丈量已准备好的波形补偿器的全长；在管道上画出补偿器定位中线，按补偿器长度画出补偿器的边线。依画线切割管道，让出补偿器位置。

(3) 补偿器连接。在管道两端各焊一片法兰盘，焊接时要求法兰垂直于管道中心线，法兰与补偿器表面相互平行，加垫后衬垫受力均匀。为避免受压时损坏补偿器，应严格按照管道中心线安装，不得偏斜，装有内衬套的补偿器，在外筒体上有介质流向标志，安装方向应与介质流向一致，不得装反。安装时应严防外来物体撞击波纹管，并要采取措施保护补偿器。在焊接或用火焰切割管子时，应用石棉布或其他不燃物质保护波纹管。不允许焊接飞溅物掉在波纹管上，不能在波纹管上引弧，焊接地线不能搭在波纹管上。吊装时，不得将吊索绑扎在波节上，安装完毕后，应清除各活动部件间可能存在的异物。

图 3-109 波形补偿器
1—波节；2—两端法兰；
3—内衬套管；4—排水阀

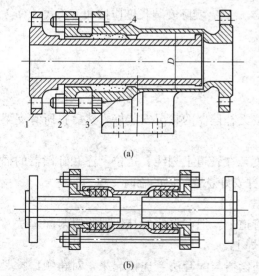

图 3-110 铸铁制套筒补偿器
(a) 单向；(b) 双向
1—插管；2—填料压盖；3—套管；4—填料

4. 套筒补偿器

套筒补偿器又叫填料函式补偿器，它依靠插管与套管间自由伸缩来补偿直管段由于热胀冷缩造成的长度变化。其补偿能力较大、占地小、安装简单、投资省，但轴向力大，易泄露，应经常检修更新填料。

套筒补偿器按材质分为铸铁和钢制两种，如图3-110 和图3-111 所示。铸铁式用法兰与管道连接，只用于公称压力小于1.3MPa，公称直径小于 300mm 的管道。钢制套筒补偿器与管道焊接连接，可用于公称压力小于 1.6MPa 管道，按补偿方向分为单向和双向两种：单向补偿器安装在固定支架旁边的平直管段上，双向伸缩器应安装在两固定支架中间。

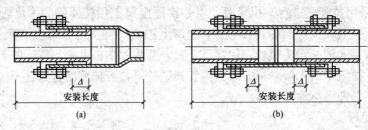

图 3-111　钢制套筒补偿器
(a) 单向；(b) 双向

（1）补偿器安装长度。套筒补偿器安装长度在设计上应予以规定，但还应考虑安装时的环境温度，计算安装温度与最低温度之间因温度变化产生的伸缩余量 S。伸缩余量如图 3-112所示，计算公式如下：

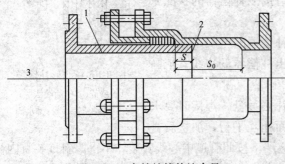

图 3-112　套筒补偿伸缩余量
1—插管；2—安装位置；3—介质流向

$$S = S_0 \frac{t_1 - t_0}{t_2 - t_0}$$

式中　S——插管与外壳挡圈间的安装剩余收缩量，mm；

S_0——套筒补偿器的最大补偿量，mm；

t_0——安装时环境温度，℃；

t_1——室外最低计算温度，℃；

t_2——介质的最高温度，℃。

实际安装长度应按如下公式计算：

$$L = L_0 + (S_0 - S)$$

式中　L——实际管道长度，mm；

L_0——将插管插入到套管补偿器的总长，mm。

（2）补偿器安装。

1）管道安装。首先将要安装补偿器的管道按无补偿器的状况安装好，然后将所有支架全部就位。

2）划线定位。按照调整好的补偿器实际长度，在管道上划线、定位，注意补偿器的插管段应安装在介质的流入端。按划线切割管道，并安好悬臂管段的临时支撑。

3）补偿器连接。

①法兰安装时，将补偿器的配套法兰套在管道上，把调整好的补偿器临时与配套法兰相连，调整法兰的位置和角度，将管道与法兰点焊上。

②卸下补偿器，焊接法兰，垫上垫片，将补偿器与配套法兰连接起来，对角顺序拧紧螺丝。

③焊接安装时，将调整好的补偿器置于临时支架上，找平找正，使补偿器与管道同轴，并使补偿器两侧的焊缝间隙均匀，进行点焊，检查合格后才能进行焊接。

3.4　电气专业安装工程施工

3.4.1　电气照明系统安装

1. 灯具安装

（1）日光灯具安装。日光灯分直管组灯管、U 形灯管、螺旋形灯管、环形灯管。灯具部分，分单管日光灯管支架、双管日光灯管支架、光带支架、黑板灯支架及附件等，环形灯管配置灯罩、底盘及附件等。灯具安装方式有吊杆式、吸顶式、嵌入式、壁灯等形式，其他附件有格栅灯盘、太空灯盘、机片灯盘、洁净灯盘、节能灯盘等。日光灯适合于干燥、洁净的室内安装使用。

1）吊杆日光灯具安装。灯具吊杆固定前，首先对灯位放线横平竖直，使灯位分布匀称。对日光灯支架进行组装，将灯脚和启辉器等处接线，甩出吊杆与灯头盒接线的长度即可，在吊杆固定前需将导线穿在管内，然后将吊轩内导线与灯头盆内的导线进行连接后立即将吊杆固定牢固。

日光灯支架与吊杆固直牢固，日光灯管固定在管脚处即可。

当照明系统线路全部安装完毕后，需要对照明系统的干线与支线，进行线间、相线对地绝缘摇测，使用 500V 兆欧表即可，其绝缘电阻应大于 0.5MΩ。

2）吸顶日光灯具安装。在底盘固定前，首先对灯位放线横平竖直，使灯位分布匀称，底盘进行组装，将灯脚和启辉器等处接线，甩出底盆与灯头盒接线的长度即可。底盘接线与灯头盒接线接好后，将底盘吸顶固定在灯头盒处。采用胀塞膨胀螺栓进行底盘固定，上好环形灯管，盖好灯罩，将开关与灯头盒内的线连通。吸顶灯底盘应紧贴顶板，四周无缝隙。

3）壁装日光灯。在墙壁上放线找准接线盒的位置，在同一室内要求标高一致。

用日光灯支架将接线盒内线接好再盖严实，找平直后就直接固定在墙壁上即可。

绝缘电阻摇测方法和通电试验方法，同吊杆日光灯。

4）嵌入式日光灯。嵌入式日光灯一般安装在吊顶内，如嵌入式日光灯光带，应敷设在吊顶内的轻钢龙骨上。根据灯具的外形尺寸确定其支架的支撑点，再根据灯具的具体重量经过认真核算，选用支架型材并制作好支架后，根据灯具的安装位置，用预埋件或用胀管螺栓把支架固定牢固。轻型光带的支架可以直接固定在主龙骨上，而大型光带必须先下预埋件，将光带的支架用螺钉固定在预埋件上，固定好支架，再将光带的灯箱用机螺钉固定在支架上，再把电源线引入灯箱与灯具线连接并包扎紧密。调整各个灯口和灯脚，装上灯泡或灯管，上好灯罩，最后调整灯具的边框应与顶棚面的装修直线平行。灯具对称安装，其纵向中心轴线应在同一直线上，偏斜不应大于 5mm。

嵌入式日光灯安装应首先找出照明配电箱的位置，按设计施工图放线，找准灯位和各个灯开关位置，可将确定的灯位置，放线在顶板上或放线在地面上，此时需要与土建和各个机电专业施工管道人员密切配合，特别是通风空调管道与消防管道相碰，协商一致配合好标高、坐标位置，调整好各自的位置。当吊顶装饰盖板未封顶前，应提前将接线盒或管线引至灯位附近，以便与底盘进行连接线。

嵌入式灯具吊顶开孔时，需要及时与精装修负责吊顶施工的施工员沟通开孔情况，最好在灯具到达现场时，拿一个实物按其实际尺寸进行开孔，防止实物到达现场后其尺寸与提前开孔的尺寸出现误差，开小了好解决，开大了就只能将吊顶的盖板浪费掉，这样施工是不经济的。

5）筒灯嵌入式日光灯。筒灯一般安装位置立体空间较小，原因是通风空调管道、消防管道、其他各专业的管道将空间全部占满，筒灯只好进行压缩组装，日光灯管由竖立直插管改为横插管。筒灯在接通开关、灯头盒内的接线后，即可在轻钢龙骨内进行卡接固定筒灯。

安装灯管前先关闭电源，安装时不要握住玻璃部分，应握住灯头塑料部分，并保持手干燥，应注意节能灯长度与筒灯灯杯长度是否匹配，以免节能灯管外露于灯杯外，影响效果。

（2）消防标志灯安装。疏散照明由安全出口标志灯和疏散标志灯组成。安全出口灯（EXIT）属于无走向的标志灯。安全出口标志灯距地高度不低于 2m，且安装在疏散出口和楼梯口里侧的上方。

疏散标志灯安装在安全出口的顶部，楼梯间、疏散走道及其转角处应安装在 1m 以下的墙面上。不易安装的部位可安装在上部。疏散通道上的标志灯间距不大于 20m（人防工程不大于 10m）。安全出口标志灯和疏散标志灯装有玻璃或非燃材料的保护罩，面板亮度均匀度为 1：10，保护罩应完整，无裂纹。

（3）消防应急灯安装。应急照明灯的电源除正常电源外，另有一路电源供电；或者是独立于正常电源的柴油发电机组供电；或由蓄电池柜供电或选用自带电源型应急灯具。当正常电源断电后，电源转换时间为疏散照明≤15s；备用照明≤15s（金融商店交易所≤1.5s）；安全照明≤0.5s。应急照明线路在每个防火分区有独立的应急照明回路，穿越不同防火分区的线路有防火隔堵措施。

应急照明灯具、运行中温度大于 60℃的灯具，当靠近可燃物时，采取隔热、散热等防火措施。当采用白炽灯、卤钨灯等光源时，不直接安装在可燃装修材料或可燃物件上。

2. 照明配电箱安装与配线

（1）照明配电箱安装使用。

1）住宅小区的配电箱安装。住宅小区分独立单元门的楼层，有的总配电箱设置在首层楼梯一进门的位置，有暗装与明装之分，一般采用暗装为主；有的总配电箱设置在单元门内的竖井内，电气竖井设置门可上锁有利于物业管理。其分户电表设置在各楼层上楼梯左侧墙上，入户设置室内用户暗装配电箱。

2）写字楼内的敞开式办公室配电箱安装。敞开式办公室一般面积在 $100\sim200\text{m}^2$ 左右，用电设备大多都是微机、空调、照明等，因此办公室内设置用户配电箱，总配电箱设置在楼层的电气竖井内。

（2）电能表远程及红外抄表系统。远程预付费控制电能表的功能，由单一的功能逐渐转为将电能表、燃气表、自来水表、热能表等集中组合，进入数字自动化管理模式，从而可减轻劳动者的工作负荷和压力。

（3）配电箱安装。

1）配电箱安装要求。

① 配电箱（盘）应安装在安全、干燥、易操作的场所，其箱底口距地一般为 1.5m，明装电度表盘底距地不得小于 1.8m。在同一建筑物内，同类盘的高度应一致，允许偏差应符合规范规定。

② 配电箱（盘）安装应牢固，其垂直度允许偏差为 1.5‰，暗装时配电箱四周墙体无空

鼓，其面板四周边缘应紧贴墙面，箱体与建筑物构筑物接触部分应涂防腐漆。

③ 配电箱（盘）上配线应排列整齐，回路编号齐全、标识正确，并绑扎成束，器具及端子固定牢固，盘面引起及引出的导线应预留适当余量，以便检修。

④ 配电箱（盘）应分别设置中性线 N 线汇流排和保护地线 PE 线汇流排配出；在中性线 N 线和保护地线 PE 汇流排上，连接的各支路导线不允许绞接并应设置回路编号。

⑤ 照明、动力配电箱（盘）上，应在标示框内，标明用电回路名称，在箱门上贴上本箱配电一次系统图，图中各支路标注名称清楚。

⑥ 配电箱（盘）应具有良好的阻燃性能，进线、出线孔应加装绝缘套管，一孔只穿一线；但下列情况除外：

a. 指示灯配线。

b. 控制两个分闸的总闸配线线号相同。

c. 一孔进多线的配线。

⑦ 配电箱（盘）上的母线排应涂标志，其 L1 相为黄色，L2 相为绿色，L3 相为红色，中性线 N 为淡蓝色，保护地线 PE 线为黄绿相间双色线。对于裸露的母线排，为防止操作时触电，可用带颜色的绝缘带进行包缠。

⑧ 配电箱（盘）面板较大时，应有加强衬铁，当宽度越过 500mm 时，箱门应做双开门。

（4）暗装配电箱的固定。根据在混凝土墙或在砖墙上，随结构施工所预留的配电箱（盘）孔洞几何尺寸，对实际配电箱（盘）尺寸进行核实，标出坐标、标高。对孔洞按配电箱（盘）几何尺寸进行调整，用拉筋将箱体固定牢固。然后用水泥砂浆，将箱体周边填实抹平，待水泥砂浆凝固后，再安装二层盘面和贴脸。

安装箱体的应考虑进线管、出线管，应一管一孔，排列整齐，并应在二层板后面排列。当配电箱厚度与墙体厚度相差无几时，应在箱底部外墙面上固定金属网后，再做墙面抹灰，不允许在箱底板上抹灰。盘面安装应平整，周边间隙均匀对称，贴脸安装平整，不歪斜，螺丝垂直受力均匀，同时贴脸应与墙面间隙匀称。

（5）明装配电箱的固定。明装配电箱的固定方法有预埋件固定方式、穿墙螺栓固定方式和金属膨胀螺栓固定方式三种形式。

1）预埋件固定配电箱方式。随土建混凝土结构或砌筑结构，进行预埋铁件，待结构施工完毕后，找出预埋铁件位置，确定箱体几何尺寸，在预埋铁件上焊接固定箱体螺栓，然后按规范规定固定好配电箱（盘）。利用角钢固定配电箱（盘），先将角钢调直，量好支架尺寸，并将埋注瑞做成燕尾，然后除锈，进行防腐处理，再用水泥砂浆将铁支架燕尾端埋注牢固，埋入时要注意支架水平垂直平整。待水泥砂浆凝固后方可进行配电箱（盘）的安装。

2）穿墙螺栓固定配电箱方式。采用穿墙螺栓固定配电箱（盘），一般适用在空心砖墙上，当配电箱（盘）自重过重时，也可在实心砖墙采用。

3）金属膨胀螺栓固定配电箱方式。在混凝土墙或砖墙上，可采用金属膨胀螺栓固定配电箱（盘）。其方法是根据配电箱（盘）几何尺寸，确定轴线坐标和标高，进行定位钻孔，其孔径应刚好将金属膨胀螺栓的胀管部分埋入墙内，且孔洞应平直不得歪斜。再将配电箱（盘）固定在金属膨胀螺栓上，并将箱体找平正，然后将金属膨胀螺栓固定牢固。

（6）配电箱配线。

1）暗配电箱配线。暗配电相（盘）进户线，从箱体或盘上方进线管穿入箱内或盘上方，理顺后可将进户线连接在总开关的上口处，然后分别按动力、照明系统图要求，按支路送至各个分开关。在住宅楼内一般总配电箱设置在进户电源一端，然后由总开关向各单元门送一支路至分开关，再由单元门的分开关箱送到各个居室户表箱（盘）处。

户表箱（盘）一般安装在单元门开启方向侧，安装高度不应低于 1.8m，距门 150～300mm 为宜，不宜将户表箱（盘）安装在门后。配线应正确，相线、中性线、保护地线不得接错。熔断器内熔体选择性应符合设计要求，一般不得大于本支路计算电流的 1.5 倍。

2）明装配电箱配线。明装配电箱配线有两种方式：一种是板前配线方式，另一种是板后配线方式，具体要求应按设计规定执行。明装配电箱（盘）底部与暗敷接线盒相连通，接线盒应与箱体之间的电线管路连接到位，地线焊接牢固，护口齐全，并做好焊接后的防腐。

3）配电箱配线步骤。

① 配电箱（盘）刀闸开关垂直安装时，上端接电源，下端接负荷。先压接各支路电源线，然后压接进户电源线。

② 导线压接前，应选好导线的规格、型号、截面、线色，导线排列整齐、回路编号齐全、标识正确、绑扎成束，压头牢靠，导线留有维修时拆装盘面适当余量。

③ 当设计无要求时，配电箱内保护导体的截面积 S_p 不应小于表 3-31 的规定。

表 3-31 保护导体的截面积

相线的截面积 S/mm^2	相应保护导体的截面积 S_p/mm^2	相线的截面积 S/mm^2	相应保护导体的截面积 S_p/mm^2
$S\leqslant16$	S	$400<S\leqslant800$	200
$16\leqslant S\leqslant35$	16		
$35<S<400$	$S/2$	$S>800$	$S/4$

④ 配线方式有两种，即板前配线和板后配线。板前配线指导线应自上而下，绑具连接部位接线端头压牢，独股线打回头压接，多股软铜线盘圈涮锡压接，或采用接线端子冷压。采用板后配线，应注意穿线孔必须加装绝缘保护套。

⑤ 电能表、漏电开关安装时，应注意相序，中性线 N、PE 保护地线，配线时不允许接错。

⑥ 配线完毕后进行绝缘摇测（先干线后支线）检查导线与导线之间，导线与地之间的绝缘电阻值应符合设计和国家规范规定。

3. 照明开关及插座安装

（1）插座接线。单相两孔插座有横装和竖装两种。横装时，面对插座的右极接相线，左极接中性线；竖装时，面对插座的上极接相线，下极接中性线如图 3-113 和图 3-114 所示。

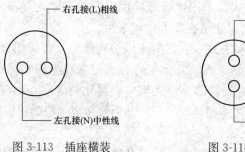

图 3-113　插座横装　　　　　图 3-114　插座竖装

单相三孔及三相四孔插座接线示意如图 3-115 和图 3-116 所示，PE 保护接地线注意应接在上方。

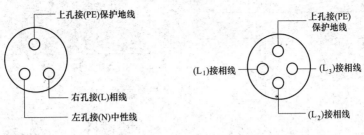

图 3-115　单相三孔插座　　　　图 3-116　三相四孔插座

当交流、直流或不同电压等级的插座安装在同一场所时，应有明显的区别。且必须选择不同结构、不同规格和不能互换的插座，配套的插头应按交流、直流或不同电压等级区别使用。当插座箱多个插座导线连接时，不允许插头连接，应采用 LC 型压接帽庄接牢固总头后，再进行分支连接。

（2）开关接线。

1）一个开关可以控制一盏灯或多盏灯，但是灯的数量和总容量不得超过开关的额定容量，注意开关的断开点应接在相线上，如图 3-117 所示。

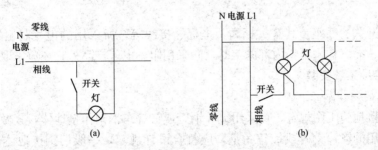

图 3-117　一个开关控制一盏灯或多盏灯的接线
（a）一个开关控制一盏灯；（b）一个开关控制多盏灯

2）两只或多只单联开关控制两盏或多盏灯的接线如图 3-118 所示。

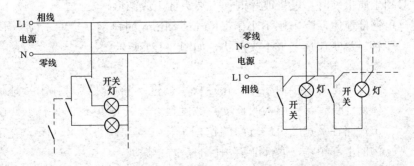

图 3-118　两只或多只单联开关控制两盏或多盏灯的接线

3）用两只开关，在两个地方控制一盏灯，可用于楼梯上下或走廊两端，如图 3-119 所示。

4）用两只双联开关和一只三联开关，在三个地方控制一盏灯，可用于楼梯、走廊及特殊需求的地方，如图 3-120 所示。

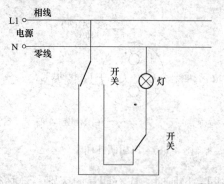

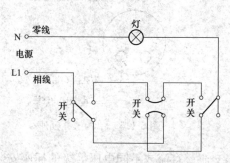

图 3-119　用于楼梯上下或走廊两端控制线路　　　　图 3-120　三个开关在三个地方控制一盏灯接线

（3）开关插座安装。单相两孔插座，面对插座的右孔或上孔与相线连接，左孔或下孔与零线连接。单相三孔插座，面对插座的右孔与相线连接，左孔与零线连接。单相三孔、三相四孔及三相五孔插座的接地（PE）或接零（PEN）线接在上孔，插座的接地端子不与零线端子连接。同一场所的三相插座，接线的相序一致。接地（PE）或接零（PEN）线在插座间不串联连接。

对于明装开关、插座，其有关标高、坐标、接线等，所采用的电气材料都应是阻燃产品，明装开关、插座在木结构内部施工时，除采用阻燃电气产品外，还应采取防火措施。

3.4.2　防雷接地系统安装

1．接地体的制作加工

根据防雷接地施工图规定，可采用镀锌铜管或镀锌角钢制作接地体，其做法如下：

（1）所采用的镀锌钢管或镀锌角钢，应符合设计规定，一般切割接地体长度不应小于2.5m。

（2）镀锌钢管。端部加工，可根据施工现场土质情况制作，遇松软土壤时，可将镀锌钢管一端头，加工成斜面形，为了避免打入时受力不均使管子歪斜，可将镀锌钢管一端头加工成扁尖形。遇到土质很硬时，可将镀锌铜管一端头加工成锥形。

（3）镀锌角钢接地体，应采用不小于 L40mm×4mm 的角钢，长度不应小于2.5m，角钢一端头应加工成小头形状，如图 3-121 所示。

2．挖沟

根据防雷接地施工图路径要求，进行测量放线，弹出接地体路径的具体尺寸位置，标出沟的长度与宽度尺寸，其宽度不应小于 0.5m。根据弹线定位路径及宽度，进行沟的挖掘工作，其深度为 0.8～1m，宽度为 0.5m，沟的上部稍宽，底部渐窄，目的是防止塌坡。

当遇到沟底有垃圾灰渣或不符合规定的土质时，应且时清除。遇到电阻率较高的土壤时，应换上电阻率较低的泥土，如砂质黏土、耕地土壤、黑土等，更换土层深度应符合设计要求，同时进行分层回填夯实，将沟底清理平整。

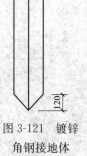

图 3-121　镀锌角钢接地体

3. 接地体敷设

人工防雷接地体敷设方式，分为水平敷设和垂直敷设两种，垂直接地敷设方式的具体做法如下：

（1）按沟底部中心线确定接地体之间距离，其间距不宜小于其长度的 2 倍，当无设计规定时，不宜小于 5m。

（2）接地体埋设位置距建筑物不宜小于 1.5m，挖沟前应加以注意此间距。根据接地体间距标定在中心线的具体位置，然后将接地体打入地中。接地体打入时，一人用手扶着接地体，一人用大锤敲打接地体的顶部。为了防止接地镀锌钢管或镀锌角钢打劈端头，采用护管帽套入接地极顶端，保护镀锌钢管接地极。对镀锌角钢，可采用短角钢（约 10cm）焊在接地镀锌角钢顶端。

（3）用大锤敲打接地极时，敲打要平稳，锤击接地体正中，不得打偏，应与地面保持垂直，当接地体顶部与地面间距离在 600mm 时停止打入。

4. 接地体间的连接

（1）镀锌扁钢敷设前应先进行调直，然后将镀锌扁钢放置于沟内接地极端部的侧面，即端部 100mm 以下位置，并用铁丝将镀锌扁钢立面紧贴接地极绑扎牢固。

（2）镀锌扁钢与镀锌钢管或镀锌角钢搭接处，放置平正后，及时焊接，其焊接面应均匀，焊口无夹渣、咬肉、裂纹、气孔等现象。焊接好后，趁热清除表面药皮，同时涂刷沥青油做防腐处理。

（3）将接地线引至需要预留的位置，同时留有足够的延长米。

5. 防雷接地装置隐检

接地体连接完毕后，应及时请组检部门进行验收检查，检验接地体有关的材料、材质证明文件、合格证、防雷接地体截面，安装位置、间距、焊接质量等均应符合设计要求和施工规范规定。检验防雷接地装置安装外观，防腐处理情况，接地电阻实测实量情况。对所使用的接地电阻测试仪应有经过当地权威资质计量单位的检测报告。接地电阻测试仪的接地钎子、锤入深度、间距、连接导线的长度应符合要求。摇测接地电阻时，每分钟转数不应低于 120r/min，摇测均匀经过 1min 后表针稳定后再读数，并做好隐蔽工程记录。

6. 自然接地装置安装

（1）无防水底板的钢筋作接地基础。利用无防水底板的钢筋，作为自然接地装置的接地基础，其具体做法如下：

1）根据防雷接地施工图要求的引下线位置尺寸，以基准轴线为标准进行放线，将引下线位置标出定位尺寸。

2）将底板钢筋周围主筋截面积不应小于 $\phi12mm$ 的钢筋或圆钢搭接，搭接倍数、焊接质量应符合现行国家施工验收规范规定。

3）利用柱主筋做引下线不应少于 $\phi12mm$ 的钢筋两根，一般选择靠外檐柱对角的两根钢筋，这两根钢筋与底板钢筋连成统一接地体，并按设计要求进行搭接、焊接或绑扎。防雷引下线延长引出地面时，用带颜色油漆做好标记。

4）根据土建结构施工进度及时做好防雷接地的隐蔽验收记录。

（2）柱形桩基础及平台钢筋作接地基础。利用柱形桩基础及平台钢筋作为自然接地装置的接地基础，其具体做法如下：

1）根据防雷接地施工图要求，确定桩基组数，把每组桩基外侧主筋搭接封焊。

2）再将搭接、焊接好的不少于两根 ϕ12mm 柱主筋延长引出。

3）在室外地坪 0.8m 以下，将主筋焊接好，接地板预埋好，同时将引出筋用色漆做好标记。

4）根据土建结构施工进度及时做好防雷接地的隐蔽验收记录。

7. 防雷引下线安装

防雷引下线是将接闪器接受的雷电流引到接地装置；引下线有明敷和暗敷两种。

（1）防雷引下线的选择。

1）明敷引下线。专设引下线应沿建筑物外墙明敷，并经最短路径接地。引下线宜采用圆钢或扁钢，宜优先采用圆钢，圆钢直径不应小于 8mm，扁钢截面不应小于 48mm²，其厚度不应小于 4mm。当烟囱上的专设引下线采用圆钢时，其直径不应小于 12mm；采用扁钢时，其截面不应小于 100mm²，厚度不应小于 4mm。

2）暗敷引下线。建筑艺术要求较高者，专设引下线可暗敷，但其圆钢直径不应小于 10mm，扁钢截面不应小于 80mm²。

3）利用金属物做引下线。建筑物的消防梯、钢柱等金属构件宜作为引下线，但其各部分之间均应连成电气通路；如因装饰需要，这些金属构件可被覆有绝缘材料。满足以下条件的建筑物立面装饰物、轮廓线栏杆、金属立面装饰物的辅助结构：

① 其截面不小于专设引下线的截面，且厚度不小于 0.5mm。

② 垂直方向的电气贯通采用焊接、卷边压接、螺钉或螺栓连接，或者各部件的金属部分之间的距离不大于 1mm，且搭接面积不少于 100cm²。

（2）引下线的设置。除利用混凝土中钢筋作引下线的以外，引下线应镀锌，焊接处应涂防腐漆，在腐蚀性能强的场所，引线还应适当加大截面或采取其他的防腐措施。引下线应沿建筑物外墙敷设，并经最短路径接地，建筑艺术要求较高者也可暗敷，但截面应加大一级。引下线不宜敷设在阳台附近且建筑物的出入口和人员较易接触到的地点。

根据建筑物防雷等级不同，防雷引下线的设置也不相同。一级防雷建筑物专设引下线时，其根数不应少于两根，间距不应大于 18m；二级防雷建筑物引下线的数量不应少于两根，间距不应大于 20m，三级防雷建筑物，为防雷装置专设引下线时，其引下线数量不宜少于两根，间距不应大于 25m。

（3）引下线支架安装。由于引下线的敷设方法不同，使用的固定支架也不相同，各种不同形式的支架如图 3-122 所示。

当确定引下线位置后，明装引下线支持卡子应随着建筑物主体施工预埋。一般在距室外护坡 2m 高处，预埋第一个支持卡子，然后将圆钢或扁钢固定在支持卡子上，作为引下线。随着主体工程施工，在距第一个卡子正上方 1.5～2m 处，用线坠吊直第一个卡子的中心点，埋设第二个卡子，依此向上逐个埋设，其间距应均匀相等。支持卡子露出长度应一致，突出建筑外墙装饰面 15mm 以上。

（4）明敷设引下线安装。

1）作业条件。

① 结构施工已完成。

② 人工接地体施工完毕。

2）安装要求。

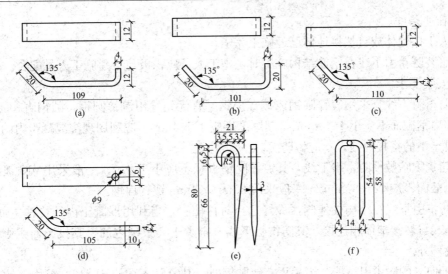

图 3-122 引下线固定支架

(a)、(b) 固定钩；(c)、(d) 托板；(e)、(f) 卡钉

① 防雷引下线明敷设垂直允许偏差为 2/1000。

② 防雷引下线应调直后方可敷设，弯曲处不应小于 90°，并不得弯成死角。

③ 明敷防雷引下线除设计有特殊要求者外，一般镀锌扁钢截面不应小于 $80mm^2$，镀锌圆钢直径不应小于 10mm。

3) 明敷设防雷引下线的做法。

① 抻直镀锌圆钢，可用绞磨或链式起重机固定一端，另一端固定在夹具上进行冷拉抻直；镀锌圆钢可用手锤或钢筋扳子进行调直。

② 将抻直的防雷引下线，用大绳提升到建筑物至高点，然后由上而下逐点进行施工。

③ 根据施工图轴线确定位置，从建筑物最高点，用吊线进行放线测量定位，确定出支持件之间的距离，一般在 1.5～3m 之间，设计有规定者按设计规定施工。

④ 防雷引下线采用镀锌圆铜搭接焊倍数（双面焊），或者采用镀锌扁钢搭接长度，三个棱边焊接等，应符合国家规范规定。

⑤ 防雷引下线由支持件固定，焊接后应清除焊药做好防腐处理，外刷银粉。

（5）暗敷设引下线安装。引下线沿砖墙或混凝土构造柱内暗设时，暗设引下线一般应使用截面不小于 $\phi12$ 镀锌圆钢或 —25×4 镀锌扁钢。通常将钢筋调直后先与接地体（或断接卡子）连接好，由上至下展放（或一段段连接）钢筋，敷设路径应尽量短而直，可直接通过挑檐板或女儿墙与避雷带焊接，如图 3-123 所示。

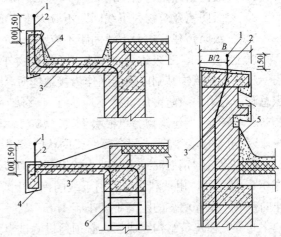

图 3-123 暗装引下线通过挑檐板、女儿墙做法

1—避雷带；2—支架；3—引下线；4—挑檐板；

5—女儿墙；6—柱主筋

1）作业条件。

① 人工接地体或自然接地体已经施工完毕。

② 暗装防雷引下线在钢筋结构施工时，施工人员应积极与土建施工人员配合。

2）安装要求。

① 防雷引下线宜采用镀锌圆钢或镀锌扁钢，宜优先选用镀锌圆钢，圆钢直径不应小于 $\phi 8$。镀锌扁钢截面不应小于 $48mm^2$，其厚度不应小于 $4mm$。应利用现浇混凝土内的柱主筋，埋入混凝土中的搭接焊处，不应做防腐。

② 建筑物暗敷设防雷引下线，其镀锌圆钢直径不应小于 $\phi 10$，一般采用 $\phi 12$ 镀锌圆钢，镀锌扁钢截面不应小于 $80mm^2$，一般采用 $25mm \times 4mm$ 镀锌扁钢。

③ 防雷引下线在结构柱外侧，最好选择对称位置，当利用混凝土内结构柱主筋，同人工接地体或自然接地体相连接，其防雷引下线不得少于 2 根柱主筋，其投影面积小于 $50m^2$ 的建筑物例外。

④ 烟囱上的防雷引下线，当采用镀锌圆钢时，其直径不应小于 $\phi 12$；采用镀锌扁钢时，其截面不应小于 $100mm^2$，厚度不应小于 $4mm$。

3）暗敷引下线做法。

① 首先将需做防雷引下钱的镀锌圆钢或镀锌扁钢，用手锤（或钢筋扳子）进行调直。利用两副链式起重机对镀锌圆钢抻直。

② 利用结构柱主筋与按地装置连接，可直接采用钢筋（其截面不应小于 $48mm^2$）、镀锌圆钢或镀锌扁钢。焊接完毕后应敲掉焊药，在混凝土内敷设时不应做防腐处理。

③ 当利用柱主筋作防雷引下线时，其防雷引下线数量以及位置间距应符合设计规定，施工中防雷引下线应用色漆做标志引出，同时应高于模板 $0.5m$ 以上，便于观察与检验。

④ 防雷引下线应距室外地坪 $1.8m$ 处，焊好测试点并留于建筑物外墙盒内位置。

（6）利用建筑物钢筋做防雷引下线。利用建筑物钢筋混凝土中的钢筋作为防直击雷的引下线，不仅节约钢材，而且比较安全，其引下线间距应符合下列规定：

1）一级防雷建筑物引下线间距不应大于 $18m$。

2）二级防雷建筑物引下线间距不应大于 $20m$。

3）三级防雷建筑物引下线间距不应大于 $25m$。

以上一、二、三级建筑防雷施工，建筑物外廓各个角上的柱筋均应被利用。

当利用建筑物基础内钢筋网作为接地体时，每根引下线在距地面 $0.5m$ 以下的钢筋表面积总和，对第一级防雷建筑物不应少于 $4.24k_c$（m^2），对第二、三级防雷建筑物不应少于 $1.89k_c$（m^2）。当建筑物为单根引下线，$k_c=1$；两根引下线及接闪器不成闭合环的多根引下线，$k_c=0.66$；接闪器成闭合环路或网状的多根引下线，$k_c=0.44$。

利用建筑物钢筋混凝土基础内的钢筋作为接地装置，应在与防雷引下线相对应的室外埋深 $0.8 \sim 1m$ 处，由被利用作为引下线的钢筋上焊出一根 $\phi 12$ 或 -40×4 镀锌圆钢或扁钢，并伸向室外，距外墙皮的距离不宜小于 $1m$。

此外，在建筑结构完成后，必须通过测试点测试接地电阻，若达不到设计要求，可在室外柱 $0.8 \sim 1m$ 处，预留导体处加接外附人工接地体。

（7）断接卡子安装。当接地装置由多个分接地装置部分组成时，应按设计要求设置便于分开的断接卡子。一般，自然接地体与人工接地体连接处应设有便于分开的断接卡；当建筑物上的防雷设施采用多根引下线时，宜在引下线距地面 1.5～1.8m 处设置断接卡子，断接卡应有保护措施。

断接卡子有明装和暗装两种。断接卡子可利用不小于－40×4 或－25×4 的镀锌扁钢制作，断接卡子应用两根镀锌螺栓拧紧。引下线的圆钢与断接卡子的扁钢应采用搭接焊，搭接长度不应小于圆钢直径的 6 倍，且应在两面焊接。

（8）保护设施。对于明设的防雷引下线，在断接卡子部应外套竹管、硬塑料管、角铁和开口钢管保护，以防机械损伤。保护管深入地下部分应不小于 300mm。

防雷引下线不应套钢管，以免接闪时感应涡流和增加引下线的电感，影响雷电流的顺利导通；如必须加套钢管保护时，必须在钢保护管的上、下侧焊跨接线与引下线连接成一导电体。为避免接触电压，人多的建筑物明装引下线的外围要加装饰护栏。

在易受机械损坏和防人身接触的地方，地面上 1.7m 至地面下 0.3m 的一段接地线应采取暗敷或镀锌角钢、耐阳光晒的改性塑料管或橡胶管等保护设施。为减少雷击接触电压电击的概率，可采取以下措施：

1）减小 k_c 值，即增加引下线根数和减小引下线之间的距离。

2）对引下线施以适当的绝缘，如穿聚氯乙烯（PVC）管，见表 3-32。

表 3-32　　　　　　　　　　　引下线穿 PVC 绝缘管的最小管壁厚　　　　　　　　　　　mm

建筑物类别　　　　k_c	1	0.66	0.44
第一类防雷建筑物	3	2	1.5
第二类防雷建筑物	2	1.5	1
第三类防雷建筑物	1.5	1	0.7

3）地面采用绝缘材料以增加地表层的电阻率。

8. 避雷带敷设

（1）暗敷避雷带作业条件。

1）随土建结构钢筋施工，利用在圈梁处主筋与防雷引下线相连通。

2）屋面避雷带暗敷设，应配合土建屋面防水施工。

（2）避雷带的施工规定。

1）均压环、避雷带一般采用镀锌圆钢，其直径不小于 8mm，镀锌扁钢截面不应小于 80mm^2。

2）根据设计确定的建筑物防雷等级设置均压环的高度，一般每隔 3 层沿建筑物四周暗敷设一道均压环，并与建筑物四周敷设的所有防雷引下线搭接后焊接连通。

3）铝制门窗与避雷装置相连接，应注意在土建加工订货铝制门窗时，要求生产厂家必须在铝制门窗两端，甩出 300mm 的铝带或镀锌扁钢两处；如果门窗宽度超过 3m 时，除在门窗两端甩出 300mm 的铝带或镀锌扁钢两处外，还需在中间位置增加一处。注意：所使用的压接螺钉不应小于 M5（含 M5），同一压接处需压接两点，以防止转动或松动。

（3）避雷带敷设安装。

1）暗敷设避雷带做法。

① 均压环、避雷带可以利用结构主筋暗敷设，一般敷设在建筑物表面的抹灰层内，同时应与暗敷设的防雷引线和楼板内的钢筋相焊接。

② 均压环可利用结构圈梁内的主筋，或腰筋与预先从结构柱主筋甩出的防雷引下线，预留出 300mm 处，进行搭接焊，并使其构成为整体接地系统。

③ 均压环与金属门窗预留出的镀锌扁钢进行搭接，可采用压接或焊接。

④ 暗敷避雷带一段采用镀锌扁钢，根据设计要求的建筑物防雷等级，布置避雷带的网格。网格周围用 ⌐形镀锌圆钢进行搭接，其搭接焊倍数应符合国家规范规定。

2）避雷带暗敷检查内容。避雷带应与建筑物周围的各防雷引下线连通，搭接倍数、焊接质量、防雷接地电阻值，都应符合国家规范规定。

（4）避雷网敷设工艺程序。

1）避雷网安装要求。

① 避雷线采用镀锌圆钢直径不得小于 φ8；采用镀锌扁钢截面不应小于 12mm×4mm；设计有特殊要求者例外，可按设计要求执行。

② 避雷线弯曲处不应小于 90°，弯曲半径不应小于圆钢直径的 10 倍。

③ 避雷线的搭接倍数、焊接要求应符合国家现行规范规定。

④ 避雷线的支架应平直、牢固，不应出现高低不平和弯曲现象，支架间距均匀，与建筑物距离一致，平直度每 2m 检查段允许偏盖 3/1000，但全长不得超过 10mm。

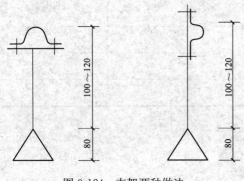

图 3-124　支架两种做法

2）制作主架。

① 采用镀锌圆钢加工支架，支架燕尾端埋深长度 80mm，支架高度一般为 100～120mm。

② 采用镀锌扁钢加工支架，其燕尾端和高度要求同镀锌圆钢，做法详见图 3-124。

③ 镀锌圆钢或镀锌扁钢加工支架前，应进行调直、调平，方可使用。

④ 支架在女儿墙上固定，放线测量找好间隔距离，然后打孔，预埋支架，埋入深度和高度找准确后，再用水泥进行捻缝，同时捻牢后，进行养护，待水泥到达强度后再使用支架。

3）避雷网的敷设连接。

① 利用大绳将抻直的避雷线提升到屋顶部，沿女儿墙两端进行固定，然厨固定在中间支架上，再逐渐由首端向尾端理顺避雷线，边理顺，边固定．边调直，直到尾端调整完毕。

② 避雷线中间延长线的搭接部位，可采用直接搭接，如图 3-125 所示；也可采用对接搭接，如图 3-126 所示。搭接面朝外或朝下为佳。

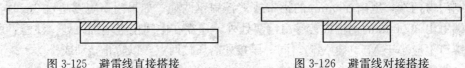

图 3-125　避雷线直接搭接　　　　　图 3-126　避雷线对接搭接

③ 建筑物屋顶上有突出物，如金属旗杆、透气管、金属天沟、铁栏杆、铁爬梯、冷却

水塔、电视天线、金属通风管道等，这些部位的主属导体都必须与避雷网接成导通的整体防雷接地系统。

④ 避雷网应与建筑物上的各处防雷引下线，进行可靠的搭接焊，应达到良好导通。

⑤ 建筑物变形缝处，应做好跨越变形缝防雷线的补偿处理。

（5）避雷针安装。

1）避雷针的选择。避雷针一般采用圆钢或焊接钢管制成，针长 1m 以下时，圆钢为 12mm，钢管为 20mm，当针长为 1～2m 时，圆钢为 16mm，钢管为 25mm。烟囱上避雷针，圆钢为 20mm，2m 针长时为 $\phi25$ 圆钢。

当避雷针采用镀锌钢筋和钢制作时，截面面积不小于 100mm^2，钢管厚度不小于 3mm。1～12m 长的避雷针宜采用组装形式，其各节尺寸见表 3-33。

表 3-33 避雷针采用组装形式的各节尺寸

避雷针高度/m	1.0	2.0	3.0	4.0	5.0	6.0	7.0	8.0	9.0	10.0	11	12
第一节尺寸/mm $\phi25$（$\phi50$）	1000	2000	1500	1000	1500	1500	2000	1000	1500	2000	2000	2000
第二节尺寸/mm $\phi40$（$\phi70$）	—	—	1500	1500	1500	2000	2000	1000	1500	2000	2000	2000
第三节尺寸/mm $\phi50$（$\phi80$）	—	—	1500	2000	2500	3000	2000	2000	2000	2000	2000	2000
第四节尺寸/mm $\phi100$	—	—	—	—	—	—	—	4000	4000	4000	5000	6000

2）避雷针安装施工。

① 安装在屋面上。对于单支避雷针，其保护角 α 可按 45°或 60°考虑。两支避雷针外侧的保护范围按单支避雷针确定，两针之间的保护范围，对民用建筑可简化两针间的距离不小于避雷针的有效高度（避雷针突出建筑物的高度）的 15 倍，且不宜大于 30m 来布置，如图 3-127 所示。

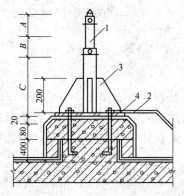
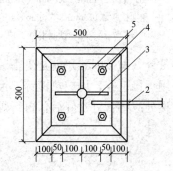

图 3-127　避雷针在屋面上安装

1—避雷针；2—引下线；3—▬ 100×8，L=200mm 筋板；

4—M25×350 地脚螺栓；5—300×8，L=300mm 筋板

施工前，先组装好避雷针，在避雷针支座底板上相应的位置，焊上一块肋板，再将避雷针立起，找直、找正后进行点焊，最后加以校正，焊上其他三块肋板。

在屋面安装避雷针，混凝土支座应与屋面同时浇筑。支座应设在墙或梁上，否则应进行校验。地脚螺栓应预埋在支座内，并且至少要有两根与屋面、墙体或梁内钢筋焊接。在屋面施工时，可由土建人员预先浇灌好，待混凝土强度满足施工要求后，再安装避雷针，连接引下线。

避雷针要求安装牢固，并与引下线焊接牢固，屋面上有避雷带（网）的还要与其焊成一个整体，如图 3-127 所示。

② 安装在墙上。避雷针是建筑物防雷最早采用的方法之一。避雷针在建筑物墙上的安装方法如图 3-128 所示，避雷针下覆盖的一定空间范围内的建筑物都可受到防雷保护。

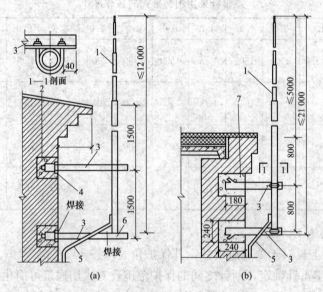

图 3-128　避雷针在建筑物墙上安装

（a）在侧墙；（b）在山墙

1—接闪器；2—钢筋混凝土梁 240mm×240mm×2500mm，当避雷针高小于 1m 时，
改为 240mm×240mm×370mm 预制混凝土块；3—支架（L63×6）；
4—预埋铁板（100mm×100mm×4mm）；5—接地引下线；6—支持板（δ=6mm）；
7—预制混凝土块（240mm×240mm×37mm）

图中的避雷针（即接闪器）就是受雷装置。其制作方法如图 3-129 所示，针尖采用圆钢制成，针管采用焊接钢管，均应热镀锌。镀锌有困难时，可刷红丹一度，防腐漆二度，以防锈蚀；针管连接处应将管钉安好后，再行焊接。避雷针安装应位置正确，焊接固定的焊缝饱满无遗漏。

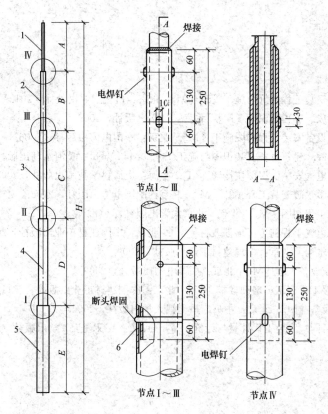

图 3-129　避雷针制作

1—针尖（$\phi20$）圆钢制作，尖端 70mm 长呈圆锥形；2—针管（$DN25$ 钢管）；
3—针管（$DN40$ 钢管）；4—针管（$DN50$ 钢管）；5—针管（$DN70$ 钢管）；6—穿钉（$\phi12$）

参 考 文 献

[1]   丁云飞. 建筑安装工程造价与施工管理 ［M］. 北京：机械工业出版社，2012.

[2]   李社生，曲玉凤. 工程图识读 ［M］. 北京：科学出版社，2009.

[3]   李立强. 建筑设备安装工程看图施工 ［M］. 北京：中国电力出版社，2006.

[4]   尹六寓，庄中霞. 建筑设备安装识图与施工工艺 ［M］. 郑州：黄河水利出版社，2010.

[5]   汪永华. 建筑电气安装工识图快捷通 ［M］. 上海：上海科学技术出版社，2007.

[6]   马爱华. 看图学水暖安装工程预算 ［M］. 北京：中国电力出版社，2008.

[7]   张会平. 土木工程制图 ［M］. 北京：北京大学出版社，2009.

[8]   宋延涛. 建筑电气工程施工员培训教材 ［M］. 北京：中国建材工业出版社，2011.

[9]   电气施工员一本通. 北京：中国建材工业出版社，2009.

[10]   周连起. 建筑设备工程 ［M］. 北京：中国电力出版社，2009.

[11]   高会芳. 水暖工程施工员培训教材 ［M］. 北京：中国建材工业出版社，2011.

[12]   余宁. 建筑设备 ［M］. 北京：中央广播电视大学出版社，2006.

[13]   于业伟，张孟同. 安装工程计量与计价 ［M］. 武汉：武汉理工大学出版社，2009.